计算机辅助设计快速入门系列丛书

SolidWorks 2014 中文版
快速入门实例教程

三维书屋工作室

胡仁喜　刘昌丽　等编著

机械工业出版社

本书结合具体实例由浅入深，从易到难地讲述了 SolidWorks 2014 知识的精髓，讲解了 SolidWorks 2014 在工程设计中的应用。本书按知识结构分为 8 章，包括 SolidWorks 2014 概述、草图绘制、基础特征建模、附加特征建模、辅助特征工具、曲线和曲面、装配体设计、工程图设计知识。

　　附书光盘内容为书中实例源文件及主要实例操作过程的视频动画文件。

　　本书适合作为各级学校和培训机构相关专业学员的教学和自学辅导书，也可以作为机械和工业设计相关人员的学习参考书。

图书在版编目（CIP）数据

SolidWorks2014 中文版快速入门实例教程/胡仁喜等编著.—3 版.—北京：机械工业出版社，2014.2

ISBN 978-7-111-47933-8

Ⅰ.①S…　Ⅱ.①胡…　Ⅲ.①计算机辅助设计—应用软件—教材
Ⅳ.①TP391.72

中国版本图书馆 CIP 数据核字(2014)第 209476 号

机械工业出版社（北京市百万庄大街 22 号　邮政编码 100037）
策划编辑：曲彩云　　　　责任印制：刘　岚
北京中兴印刷有限公司印刷
2014 年 10 月第 3 版第 1 次印刷
184mm×260mm · 18.75 印张 · 465 千字
0001—3000 册
标准书号：ISBN 978-7-111-47933-8
　　　　　ISBN 978-7-89405-504-0（光盘）
定价：48.00 元（含 1DVD）
凡购本书，如有缺页、倒页、脱页，由本社发行部调换

电话服务　　　　　　　　　　网络服务
社服务中心：(010) 88361066　教材网：http://www.cmpedu.com
销售一部：(010) 68326294　　机工官网：http://www.cmpbook.com
销售二部：(010) 88379649　　机工官博：http://weibo.com/cmp1952
读者购书热线：(010) 88379203　**封面无防伪标均为盗版**

前　言

SolidWorks 是世界上第一套基于 Windows 系统开发的三维 CAD 软件。该软件以参数化特征造型为基础，具有功能强大、易学、易用等特点，是当前最优秀的中档三维 CAD 软件之一。自从 1996 年生信实维公司将 SolidWorks 引入中国以来，受到了广泛的好评，许多高等院校也将 SolidWorks 用作本科生的教学和课程设计的首选软件。

SolidWorks 家族在市场上的普及面越来越广，已经逐渐成为主流三维机械设计的第一选择，尤其是在国外，其强大的绘图功能、空前的易用性，以及一系列旨在提升设计效率的新特性，不断推进业界对三维设计的采用，也加速了整个三维行业的发展步伐。

本书有以下 5 大特色：

- 作者权威：本书作者有多年的计算机辅助设计领域工作经验和教学经验。
- 实例专业：本书中有很多实例本身就是工程设计项目案例，经过作者精心提炼和改编，不仅保证了读者能够学好知识点，更重要的是能帮助读者掌握实际的操作技能。
- 提升技能：本书从全面提升 SolidWorks 设计能力的角度出发，真正让读者懂得计算机辅助设计并能够独立地完成各种工程设计。
- 快速入门：本书在一本书的篇幅内，由浅入深包含了 SolidWorks 常用的全部的功能讲解，内容涵盖了草图绘制、零件建模、曲面造型、装配建模、工程图等知识，可使读者由入门快速转入精通。
- 知行合一：结合大量的工业设计实例，详细讲解 SolidWorks 的知识要点，让读者在学习案例的过程中，潜移默化地掌握软件的操作技巧，同时培养了工程设计的实践能力。

全书分为 8 章，分别介绍了 SolidWorks 2014 的概述，草图相关技术，零件造型与特征相关技术，装配和基于装配的技术要求，工程图基础。在实例中本书以传动轴为主线，全面地介绍了各种机械零件、装配图和工程图的设计方法与技巧。在介绍的过程中，注意由浅入深，从易到难。全书解说翔实，图文并茂，语言简洁，思路清晰。

随书配送的多媒体光盘包含全书所有实例的源文件和操作过程录屏讲解 AVI 文件，可以帮助读者轻松自在地学习本书。

本书由三维书屋工作室总策划，胡仁喜、刘昌丽主要编写，王敏、张俊生、王玮、孟培、王艳池、阳平华、袁涛、闫聪聪、王培合、路纯红、王义发、王玉秋、杨雪静、张日晶、卢园、孙立明、王渊峰、王兵学、康士廷等参加了部分编写工作。

由于编者水平有限，书中不足之处在所难免，望广大读者批评指正，编者将不胜感激。有任何问题可以登录网站 www.sjzsanweishuwu.com 或发送邮件到 win760520@126.com 批评指正。

编　者

目　录

第1章 SolidWork 2014概述

导读

SolidWorks 是创新的易学易用的标准三维设计软件,具有全面的实体建模功能,可以生成各种实体,广泛应用在各种行业。它采用了大家所熟悉的 Microsoft Windows 图形用户界面。使用这套简单易学的工具,机械设计工程师能快速地按照其设计思想绘制出草图,并运用特征与尺寸,绘制模型实体、装配体及详细的工程图。SolidWorks 将产品设计置于 3D 空间环境中进行,可以应用于机械零件设计、装配体设计、电子产品设计、钣金设计、模具设计等中。应用范围广泛,如机械设计、工业设计、飞行器设计、电子设计、消费品设计、通信器材设计、汽车制造设计等行业中。

本章简要介绍了 SolidWorks 的一些基本操作,是用户使用 SolidWorks 必须要掌握的基础知识。主要目的是使读者了解 SolidWorks 的系统属性,以及建模前的系统设置。

学 习 要 点

- ◎ SolidWorks 的基本操作
- ◎ SolidWorks 用户界面
- ◎ 工作环境设置

1.1 基本操作

SolidWorks 2014 不但改善了传统机械设计的模式，而且具有强大的建模功能、参数设计功能。在创新性、使用的方便性以及界面的人性化等方面都得到了增强。大大缩短了产品设计的时间，提高了产品设计的效率。

SolidWorks 2014 在用户界面、草图绘制、特征、零件、装配体、工程图、出详图、钣金设计、输出和输入以及网络协同等方面都得到了增强，比原来的版本增强了 250 个以上的用户功能，使用户可以更方便地使用该软件。本节将简要介绍 SolidWorks 2014 的一些基本操作知识。

1.1.1 启动 SolidWorks 2014

SolidWorks 2014 安装完成后，就可以启动该软件了。在 Windows 操作环境下，在菜单栏中选择"开始"→"所有程序"→"SolidWorks 2014"命令，或者双击桌面上的快捷方式图标，就可以启动该软件。图 1-1 所示是 SolidWorks 2014 的启动画面。

启动画面消失后，系统进入 SolidWorks 2014 初始界面，初始界面中只有几个菜单栏和标准工具栏，如图 1-2 所示。

图 1-1 启动画面

图 1-2 SolidWorks 2014 初始界面

1.1.2 新建文件

建立新模型前，需要建立新的文件。新建文件的操作步骤如下：

1. 执行命令。在菜单栏中选择"文件"→"新建"命令，或者单击"标准"工具栏中的"新建"图标按钮，执行新建文件命令。

2. 选择文件类型。此时系统弹出如图 1-3 所示的"新建 SolidWorks 文件"对话框。在该对话框中有 3 个图标，分别是零件、装配体及工程图图标。单击对话框中需要创建文件类型的图标，然后单击"确定"按钮，就可以建立相应类型的文件。

图 1-3 "新建 SolidWorks 文件"对话框

不同类型的文件，其工作环境是不同的，SolidWorks 提供了不同文件的默认工作环境，对应不同文件模板，当然用户也可以根据自己的需要修改其设置。

在 SolidWorks 2014 中，新建 SolidWorks 文件对话框有两个版本可供选择，一个是高级版本，另一个是新手版本。

高级版本在各个标签上显示模板图标的对话框，当选择某一文件类型时，模板预览出现在预览框中。在该版本中，用户可以保存模板添加自己的标签，也可以选择 tutorial 标签来访问指导教程模板，如图 1-3 所示。

单击图 1-3 中的"新手"按钮就会进入新手版本显示模式，如图 1-4 所示。该版本中使用较简单的对话框，提供零件、装配体和工程图文档的说明。

图 1-4 新手版本"新建 SolidWorks 文件"对话框

1.1.3 打开文件

在 SolidWorks 2014 中可以打开已存储的文件，对其进行相应的编辑和操作。打开文件的操作步骤如下：

1．执行命令。在菜单栏中选择"文件"→"打开"命令，或者单击"打开"图标按钮 ，执行打开文件命令。

2．选择文件类型。此时系统弹出如图 1-5 所示的"打开"对话框。在对话框中的"文件类型"下拉菜单用于选择文件的类型，选择不同的文件类型，则在对话框中会显示文件夹中对应文件类型的文件。选择"缩略图"选项，选择的文件就会显示在对话框中"缩略图"窗口中，但是并不打开该文件。

选取了需要的文件后，单击对话框中的"打开"按钮，就可以打开选择的文件，对其进行相应的编辑和操作。

在"文件类型"下拉菜单中，并不限于 SolidWorks 类型的文件，如*.sldprt、*.sldasm 和*.slddrw。SolidWorks 软件还可以调用其他软件所形成的图形对其进行编辑，图 1-6 所示就是 SolidWorks 可以打开其他类型的文件。

图 1-5　"打开"对话框

```
SolidWorks 文件 (*.sldprt; *.sldasm; *.slddrw)
零件 (*.prt;*.sldprt)
装配体 (*.asm;*.sldasm)
工程图 (*.drw;*.slddrw)
DXF (*.dxf)
DWG (*.dwg)
Adobe Photoshop Files (*.psd)
Adobe Illustrator Files (*.ai)
Lib Feat Part (*.lfp;*.sldlfp)
Template (*.prtdot;*.asmdot;*.drwdot)
Parasolid (*.x_t;*.x_b;*.xmt_txt;*.xmt_bin)
IGES (*.igs;*.iges)
STEP AP203/214 (*.step;*.stp)
IFC 2x3 (*.ifc)
ACIS (*.sat)
VDAFS (*.vda)
VRML (*.wrl)
STL (*.stl)
CATIA Graphics (*.cgr)
CATIA V5 (*.catpart;*.catproduct)
ProE Part (*.prt,*.prt.*;*.xpr)
ProE Assembly (*.asm;*.asm.*;*.xas)
Unigraphics (*.prt)
Inventor Part (*.ipt)
Inventor Assembly (*.iam)
Solid Edge Part (*.par;*.psm)
Solid Edge Assembly (*.asm)
CADKEY (*.prt;*.ckd)
Add-Ins (*.dll)
IDF (*.emn;*.brd;*.bdf;*.idb)
Rhino (*.3dm)
所有文件 (*.*)
```

图 1-6　打开文件类型列表

1.1.4 保存文件

已编辑的图形只有保存起来，在需要时才能打开该文件对其进行相应的编辑和操作。保存文件的操作步骤如下：

1. 执行命令。在菜单栏中选择"文件"→"保存"命令，或者单击"保存"图标按钮 ，执行保存文件命令。

2. 设置保存类型。此时系统弹出如图 1-7 所示的"另存为"对话框。在对话框中的"保存在"一栏用于选择文件存放的文件夹；"文件名"一栏用于输入要保存的文件名称；"保存类型"一栏用于选择所保存文件的类型。通常情况下，在不同的工作模式下，系统会自动设置文件的保存类型。

在"保存类型"下拉菜单中，并不限于 SolidWorks 类型的文件，如*.sldprt、*.sldasm 和 *.slddrw。也就是说，SolidWorks 不但可以把文件保存为自身的类型，还可以保存为其他类型的文件，方便其他软件对其调用并进行编辑。图 1-8 所示是 SolidWorks 可以保存为其他文件的类型。

图 1-7 "另存为"对话框

图 1-8 保存文件类型

在图 1-7 所示的"另存为"对话框中，可以保存文件的同时保存一份备份文件。保存备份文件，需要预先设置保存的文件目录。设置备份文件保存目录的步骤如下：

1. 执行命令。在菜单栏中选择"工具"→"选项"命令。

2. 设置保存目录。系统弹出如图 1-9 所示的"系统选项"对话框，单击对话框中的"备份/恢复"选项，在右侧"备份"中可以修改保存备份文件的目录。

1.2 SolidWorks 用户界面

SolidWorks 的用户界面包括菜单栏、工具栏、特征管理区、绘图区及状态栏等。后面章节将详细讲解。

新建一个零件文件后，SolidWorks 2014 的用户界面如图 1-10 所示。

图 1-9　"系统选项"对话框

图 1-10　SolidWorks 界面

　　装配体文件和工程图文件与零件文件的用户界面类似，在此不再一一罗列。

　　用户界面包括菜单栏、工具栏以及状态栏等。菜单栏包含了所有的 SolidWorks 命令，工具栏可根据文件类型（零件、装配体、或工程图）来调整和放置并设定其显示状态，而 SolidWorks 窗口底部的状态栏则可以提供设计人员正执行的功能有关的信息。下面分别介绍该操作界面的一些基本功能。

1. 菜单栏：显示在标题栏的下方，默认情况下菜单栏是隐藏的，它的视图是只显示工具栏按钮，如图 1-11 所示。要显示菜单栏需要将光标移动到 SolidWorks 徽标 或单击它，如图 1-12 所示，若要始终保持菜单栏可见，需要将"图钉"图标按钮 更改为钉住状态 ，其中最关键的功能集中在"插入"与"工具"菜单中。

图 1-11　默认菜单栏

图 1-12　菜单栏

通过单击工具按钮旁边的下移方向键，可以扩展以显示带有附加功能的弹出菜单。这使您可以访问工具栏中的大多数文件菜单命令。例如，保存弹出菜单包括保存、另存为和保存所有，如图 1-13 所示。SolidWorks 的菜单项对应于不同的工作环境，相应的菜单以及其中的选项会有所不同。在以后应用中会发现，当进行一定任务操作时，不起作用的菜单命令会临时变灰，此时将无法应用该菜单命令。如果选择保存文档提示，则当文档在指定间隔（分钟或更改次数）内保存时，将出现一个透明信息框。其中包含保存当前文档或所有文档的命令，它将在几秒后淡化消失，如图 1-14 所示。

图 1-13　弹出菜单

图 1-14　未保存文档通知

2. 工具栏：SolidWorks 有很多可以按需要显示或隐藏的内置工具栏。选择菜单栏中的"视图"→"工具栏"命令，或者在试图工具栏中单击鼠标右键，将显示如图 1-15 所示的"工具栏"菜单项，选择"自定义"命令，在已经打开的"自定义"菜单项中单击"视图"，会出现浮动的"视图"工具栏，这样便可以自由拖动放置在需要的位置上。此外，还可以设定哪些工具栏在没有文件打开时可显示。或者可以根据文件类型（零件、装配体、或工程图）来放置工具栏并设定其显示状态（自定义、显示或隐藏）。例如保持"自定义命令"对话框将打开，在 SolidWorks 窗口中，便可将工具按钮从工具栏上一个位置拖动到另一位置；从一工具栏拖动到另一工具栏；从工具栏拖动到图形区域中以从工具栏上将之移除。

在使用工具栏或是工具栏中的命令时，当指针移动到工具栏中的图标附近，会弹出一个窗口来显示该工具的名称及相应的功能，如图 1-16 所示，显示一段时间后，该内容提示会自动消失。

3. 状态栏：位于 SolidWorks 窗口底端的水平区域，提供关于当前正在窗口中编辑的内容的状态，以及指针位置坐标、草图状态等信息。典型的信息包括：

重建模型图标按钮 ：表示在更改了草图或零件而需要重建模型时，重建模型符号会显示在状态栏中。

草图状态：在编辑草图过程中，状态栏会出现 5 种状态，即完全定义、过定义、欠定义、没有找到解、发现无效的解。在考虑零件完成之前，最好应该完全定义草图。

图 1-15　"工具栏"菜单项

快速提示帮助图标按钮会根据 SolidWorks 的当前模式给出提示和选项，很方便快捷，对于初学者来说很有用。快速提示因具体模式而异，其中 ⯑表示可用，但当前未显示；⯑表示当前已显示，单击可关闭快速提示；⯑表示当前模式不可用；⯑表示暂时禁用。

图 1-16　消息提示

4. FeatureManager 设计树：位于 SolidWorks 窗口的左侧，是 SolidWorks 软件窗口中比

较常用的部分，它提供了激活的零件、装配体或工程图的大纲视图，从而可以很方便地查看模型或装配体的构造情况，或者查看工程图中的不同图样和视图。

FeatureManager 设计树和图形区域是动态链接的。在使用时可以在任何窗格中选择特征、草图、工程视图和构造几何线。FeatureManager 设计树就是用来组织和记录模型中的各个要素及要素之间的参数信息和相互关系，以及模型、特征和零件之间的约束关系等，几乎包含了所有设计信息。FeatureManager 设计树的内容如图 1-17 所示。

FeatureManager 设计树的功能主要有以下的几种：

以名称来选择模型中的项目。即可以通过在模型中选择其名称来选择特征、草图、基准面及基准轴。SolidWorks在这一项中很多功能与Window操作界面类似，比如在选择的同时按住 Shift 键，可以选取多个连续项目。在选择的同时按住Ctrl键，可以选取非连续项目。

确认和更改特征的生成顺序。在FeatureManager设计树中利用拖动项目可以重新调整特征的生成顺序，这将更改重建模型时特征重建的顺序。

通过双击特征的名称可以显示特征的尺寸。

如要更改项目的名称，在名称上缓慢单击两次以选择该名称，然后输入新的名称即可，如图1-18所示。

图 1-17　FeatureManager 设计树　　　　图 1-18　FeatureManager 设计树更改项目名称

压缩和解除压缩零件特征和装配体零部件，在装配零件时是很常用的，同样，如要选择多个特征，请在选择的时候按住Ctrl键。

用右键单击清单中的特征，然后选择父子关系，以便查看父子关系。

单击右键，在树显示里还可显示如下项目：特征说明、零部件说明、零部件配置名称、零部件配置说明等。

将文件夹添加到FeatureManager设计树中。

对FeatureManager设计树的操作时熟练应用SolidWorks的基础，也是应用SolidWorks的重点，由于功能强大，不能一一列举，在后几章节中会多次用到，只有在学习的过程中熟练应用设计树的功能，才能加快建模的速度和效率。

5. 属性管理器标题栏：一般会在初始化一使用属性管理器为其定义的命令时自动出现。编辑一草图并选择一草图特征进行编辑，所选草图特征的 属性管理器将自动出现。

激活属性管理器时，弹出的 FeatureManager 设计树会自动出现。欲扩展弹出的FeatureManager 设计树，可以在弹出的 FeatureManager 设计树中单击文件名称旁边的+标签。弹出 FeatureManager 设计树是透明的，因此不影响对其下的模型的修改。

1.3 工作环境设置

要熟练地使用一套软件，必须先认识软件的工作环境，然后设置适合自己的使用环境，这样可以使设计更加便捷。SolidWorks软件同其他软件一样，可以根据自己的需要显示或者隐藏工具栏，以及添加或者删除工具栏中的命令按钮。还可以根据需要设置零件、装配体和工程图的工作界面。

1.3.1 设置工具栏

SolidWorks系统默认的工具栏是比较常用的，SolidWorks有很多工具栏，由于绘图区域限制，不能显示所有的工具栏。在建模过程中，用户可以根据需要显示或者隐藏部分工具栏，设置方法有两种：

1. 利用菜单命令设置工具栏。

（1）执行命令。在菜单栏中选择"工具"→"自定义"命令，或者在工具栏区域单击鼠标右键，在快捷菜单中选择"自定义"选项，此时系统弹出如图1-19所示的"自定义"对话框。

（2）设置工具栏。选择对话框中的"工具栏"标签，此时会出现系统所有的工具栏，勾选需要的工具栏。

（3）确认设置。单击对话框中的"确定"按钮，操作界面上会显示选择的工具栏。

如果要隐藏已经显示的工具栏，单击已经勾选的工具栏，则取消勾选，然后单击"确定"按钮，此时操作界面上会隐藏取消勾选的工具栏。

图1-19 "自定义"对话框

2. 利用鼠标右键设置工具栏。

（1）执行命令。在操作界面的工具栏中单击鼠标右键，系统会出现设置工具栏的快捷菜单，如图1-20左图所示。如在工具栏的标签上单击鼠标右键，系统会出现设置工具栏标签的快捷菜单，如图1-20右图所示。

图1-20　"工具栏"快捷菜单

（2）设置工具栏。单击需要的工具栏，前面复选框的颜色会加深，则操作界面上会显示选择的工具栏。

如果单击已经显示的工具栏，前面复选框的颜色会变浅，操作界面上会隐藏选择的工具栏。

另外，隐藏工具栏还有一个简便的方法，即将界面中不需要的工具，用光标将其拖到绘图区域中，此时工具栏上会出现标题栏。图1-21所示是拖到绘图区域中的"注解"工具栏，然后单击工具栏右上角"关闭"图标按钮，则操作界面中会隐藏该工具栏。

图1-21　"注解"工具栏

注意: 当选择显示或者隐藏的工具栏时，对工具栏的设置会应用到当前激活的 SolidWorks 文件类型中。

1.3.2 设置工具栏命令按钮

系统默认工具栏中的命令按钮，有时不是所用的命令按钮，可以根据需要添加或者删除命令按钮。

设置工具栏命令按钮的操作步骤如下：

1．执行命令。在菜单栏中选择"工具"→"自定义"菜单命令，或者在工具栏区域单击鼠标右键，在快捷菜单中选择"自定义"选项，此时系统弹出"自定义"对话框。

2．设置命令按钮。单击选择对话框中的"命令"标签，此时会出现如图1-22所示的"命令"标签的类别和按钮选项。

图 1-22 "自定义"对话框

3．在"类别"选项选择命令所在的工具栏，此时会在"按钮"选项出现该工具栏中所有的命令按钮。

4．在"按钮"选项中，单击选择要增加的命令按钮，按住左键拖动该按钮到要放置的工具栏上，然后松开鼠标左键。

5．确认添加的命令按钮。单击对话框中的"确定"按钮，则工具栏上会显示添加的命令按钮。

如果要删除无用的命令按钮，只要打开"自定义"对话框的"命令"选项，然后在要删除的按钮上，单击左键拖动到绘图区，就可以删除该工具栏中的命令按钮。

例如，在"草图"工具栏中添加"椭圆"命令按钮。首先在菜单栏中选择"工具"→"自定义"命令，进入"自定义"对话框，然后选择"命令"标签，在左侧"类别"选项一栏选择"草图"工具栏。在"按钮"一栏中单击，选择"椭圆"命令按钮⊘，按住鼠标左键将其拖到"草图"工具栏中合适的位置，然后松开鼠标左键，该命令按钮就添加到工具栏中。图1-23所示为添加前后"草图"工具栏的变化情况。

添加命令按钮前   添加命令按钮后

图1-23 添加命令按钮图示

注意：

对工具栏添加或者删除命令按钮时，对工具栏的设置会应用到当前激活的SolidWorks 文件类型中。

1.3.3 设置快捷键

除了使用菜单栏和工具栏中命令按钮执行命令外，SolidWorks软件还用户通过自行设置快捷键方式来执行命令。步骤如下：

1. 执行命令。在菜单栏中选择"工具"→"自定义"命令，或者在工具栏区域单击鼠标右键，在快捷菜单中选择"自定义"选项，此时系统弹出"自定义"对话框。

2. 设置快捷键。选择对话框中的"键盘"标签，此时会出现如图1-24所示的"键盘"标签的类别和命令选项。

3. 在"范畴"选项选择菜单类，然后在"命令"选项选择要设置快捷键的命令。

4. 在"快捷键"一栏中输入要设置的快捷键，输入的快捷键就出现在"当前快捷键"一栏中。

5. 确认设置的快捷键。单击对话框中的"确定"按钮，快捷键设置成功。

注意：

1. 如果设置的快捷键已经被使用过，则系统会提示该快捷键已经被使用，必须更改要设置的快捷键。

2．如果要取消设置的快捷键，在对话框中选择"当前快捷键"一栏中设置的快捷键，然后单击对话框中的"移除"按钮，则该快捷键就会被取消。

图1-24　"自定义"对话框

1.3.4　设置背景

在SolidWorks中，可以更改操作界面的背景及颜色，以设置个性化的用户界面。设置背景的操作步骤如下：

1．执行命令。在菜单栏中选择"工具"→"选项"命令，弹出"系统选项"对话框。

2．设置颜色。在对话框中的"系统选项"一栏中选择"颜色"选项，如图1-25所示。

3．在右侧"系统颜色"一栏中选择"视区背景"，然后单击"编辑"按钮，此时系统弹出如图1-26所示的"颜色"对话框，在其中选择设置的颜色，然后单击"确定"按钮。可以使用该方式，设置其他选项的颜色。

4．确认背景颜色设置。单击对话框中的"确定"按钮，系统背景颜色设置成功。

在图1-25所示的对话框中，勾选下面4个不同的选项，可以得到不同背景效果，用户可以自行设置。图1-27所示为一个设置好背景颜色的零件图。

图 1-25　"系统选项"对话框

图 1-26　"颜色"对话框

图 1-27　设置背景后的效果图

第2章 草图绘制

 导读

> SolidWorks 的大部分特征是由 2D 草图绘制开始的，草图绘制在该软件使用中占重要地位，本章将详细介绍草图的绘制方法和编辑方法。
>
> 草图一般是由点、线、圆弧、圆和抛物线等基本图形构成的封闭和不封闭的几何图形，是三维实体建模的基础。一个完整的草图包括几何形状、几何关系和尺寸标注等三方面的信息。能否熟练掌握草图的绘制和编辑方法，决定了能否快速三维建模，提高工程设计的效率和灵活把该软件应用到其他领域。

学 习 要 点

- ◎ 草图绘制工具
- ◎ 草图编辑工具
- ◎ 草图尺寸标注
- ◎ 草图几何关系

2.1 草图绘制的基本知识

本节主要介绍如何开始绘制草图，熟悉草图绘制工具栏，认识绘图光标和锁点光标，以及退出草图绘制状态。

2.1.1 进入草图绘制

绘制二维草图，必须进入草图绘制状态。草图必须在平面上绘制，这个平面可以是基准面，也可以是三维模型上的平面。由于开始进入草图绘制状态时，没有三维模型，因此必须指定基准面。

绘制草图必须认识草图绘制的工具，图 2-1 所示为常用的草图绘制面板。绘制草图可以先选择绘制的平面，也可以先选择草图绘制实体。

图 2-1 "草图"面板

1．选择草图绘制实体的方式进入草图绘制状态。

（1）执行命令。在菜单栏中选择"插入"→"草图绘制"命令，或者单击"草图"工具栏中的"草图绘制"图标按钮 ，或者直接单击"草图"工具栏中要绘制的草图实体，此时绘图区域出现如图 2-2 所示的系统默认基准面。

图 2-2 系统默认基准面

（2）选择基准面。单击左键选择绘图区域中 3 个基准面之一，确定要在哪个面上绘制草图实体。

（3）设置基准面方向。单击"标准视图"工具栏中的"正视于"图标 ，使基准面旋转到正视于方向，方便读者绘图。

2．选择草图绘制基准面方式进入草图绘制状态。

（1）选择基准面。先在特征管理区中选择要绘制的基准面，即前视基准面、右视基准面和上视基准面中的一个面。

（2）设置基准面方向。单击"标准视图"工具栏中的"正视于"图标 ⬆，使基准面旋转到正视于方向。

（3）执行命令。单击"草图"工具栏上的"草图绘制"图标按钮 �ᘓ，或者单击要绘制的草图实体，进入草图绘制状态。

2.1.2 退出草图绘制

草图绘制完毕后，可立即建立特征，也可以退出草图绘制再建立特征。有些特征的建立，需要多个草图，比如扫描实体等。因此需要了解退出草图绘制的方法。退出草图绘制的方法主要有如下几种：

1. 使用菜单方式。在菜单栏中选择"插入"→"退出草图"命令，退出草图绘制状态。

2. 利用工具栏图标按钮方式。单击"标准"工具栏上的"重建模型"图标按钮 ⦿，或者单击"退出草图"图标按钮 �ᘓ，退出草图绘制状态。

3. 利用快捷菜单方式。在绘图区域单击鼠标右键，系统弹出如图 2-3 所示的快捷菜单，在其中单击"退出草图"选项，退出草图绘制状态。

4. 利用绘图区域确认角落的图标按钮。在绘制草图的过程中，绘图区域右上角会出现如图 2-4 所示的提示图标按钮。单击上面的图标按钮 ᘓ，退出草图绘制状态。

单击确认角落下面的图标按钮 ✗，提示是否保存对草图的修改，如图 2-5 所示，然后根据需要单击系统提示框中的选项，退出草图绘制状态。

图 2-3　快捷菜单　　　图 2-4　确认图标按钮　　　图 2-5　系统提示框

2.2 草图绘制工具

本节介绍草图绘制的工具栏中草图绘制工具的使用方法。由于 SolidWorks 中大部分特征都需要先建立草图轮廓，因此本节的学习非常重要。

2.2.1 绘制点

执行点命令后，在绘图区域中的任何位置，都可以绘制点，绘制的点不影响三维建模的外形，只起参考作用。

执行异型孔向导命令后，点命令用于决定产生孔的数量。

1．绘制点。点命令可以生成草图中两个不平行线段的交点以及特征实体中两个不平行的边缘的交点，产生的交点作为辅助图形，用于标注尺寸或者添加几何关系，并不影响实体模型的建立。

【例 2-1】以绘制图 2-6 所示图形为例介绍点绘制步骤。

光盘\参考视频\第 2 章\例 2-1.avi

01 新建零件草图，执行命令。在草图绘制状态下，在菜单栏中选择"工具"→"草图绘制实体"→"点"命令，或者单击"草图"工具栏中的"点"图标按钮✳，光标变为绘图光标✎。

02 确认绘制点位置。在绘图区域单击，确认绘制点的位置，此时点命令继续处于激活位置，可以继续绘制点。

图 2-6 所示为使用绘制点命令绘制的多个点。

图 2-6　绘制的点

2．生成草图中两不平行线段的交点。

【例 2-2】以如图 2-7b 所示图形为例，生成草图中直线 1 和直线 2 的交点，图 2-7a 为生成点前的图形，如图 2-7b 所示为生成交点后的图形。生成交点的操作步骤如下：

光盘\参考视频\第 2 章\例 2-2.avi

01 打开文件。打开随书光盘中源文件/第 2 章/例 2-2-1.prt 文件，如图 2-7a 所示。

02 选择直线。在草图绘制状态下按住 Ctrl 键，选择图 2-7a 中的直线 1 和直线 2。

03 执行命令。在菜单栏中选择"工具"→"草图绘制实体"→"点"命令，或者单击"草图"工具栏中的"点"图标按钮＊，此时草图如图 2-7b 所示。

3. 生成特征实体中两个不平行的边缘的交点。

【例 2-3】打开文件。打开随书光盘中源文件/第 2 章/例 2-3-1.prt 文件，如图 2-8a 所示，生成面 A 中直线 1 和直线 2 的交点。生成特征边线交点的操作步骤如下：

光盘\参考视频\第 2 章\例 2-3.avi

a) 生成交点前的图形

b) 生成交点后的图形

图 2-7　生成草图交点图示

a) 生成交点前的图形

b) 生成交点后的图形

图 2-8　生成特征边线交点图示

01 打开文件。打开随书光盘中源文件/第 2 章/例 2-2-2.prt 文件，如图 2-8a 所示。

02 选择特征面。选择图 2-8a 中的面 A 作为绘图面，进入草图绘制状态。

03 选择边线。按住 Ctrl 键，选择图 2-8a 中的边线 1 和边线 2。

04 执行命令。在菜单栏中选择"工具"→"草图绘制实体"→"点"命令，或者单击"草图"工具栏中的"点"图标按钮＊，结果如图 2-8b 所示。

2.2.2　绘制直线与中心线

直线与中心线的绘制方法相同，执行不同的命令，按照相同的步骤，在绘制区域绘制相应的图形即可。

直线分为 3 种类型：水平直线、竖直直线和任意角度直线。在绘制过程中，不同类型的直线其显示方式不同。

➢ 水平直线：在绘制直线过程中，笔型光标附近会出现水平直线图标符号 ▬，如图 2-9 所示。

➢ 竖直直线：在绘制直线过程中，笔型光标附近会出现竖直直线图标符号 ▎，如图 2-10 所示。

➢ 任意直线：在绘制直线过程中，笔型光标附近会出现任意直线图标符号 ╲，如图 2-11 所示。

在绘制直线的过程中，光标上方显示的参数，为直线的长度和角度，可供参考。一般在绘制中，首先绘制一条直线，然后标注尺寸，直线也随着改变长度和角度。

绘制直线的方式有两种：拖动式和单击式。拖动式就是在绘制直线的起点，按住左键开始拖动光标，直到直线终点放开；单击式就是在绘制直线的起点单击，然后在直线终点再单击。

图 2-9　绘制水平直线　　　　图 2-10　绘制竖直直线

【例 2-4】以绘制如图 2-12 所示图形为例，介绍直线和中心线的绘制步骤。

光盘\参考视频\第 2 章\例 2-4.avi

图 2-11　绘制任意直线　　　　图 2-12　绘制中心线和直线

01 新建零件草图，执行命令。在草图绘制状态下，在菜单栏中选择"工具"→"草图绘制实体"→"中心线"命令，或者单击"草图"工具栏中的"中心线"图标按钮 ┊，开始绘制中心线。

02 绘制中心线。在绘图区域单击确定中心线的起点 1，然后移动光标到图中合适的位置，由于图中的中心线为竖直直线，所以当光标附近出现符号 ▮ 时单击，确定中心线的终点 2。

03 退出中心线绘制。按 Esc 键，或者在绘图区域单击鼠标右键，利用快捷菜单中的"选择"选项，退出中心线的绘制。

04 执行命令。在菜单栏中选择"工具"→"草图绘制实体"→"直线"命令，或者单击"草图"工具栏中的"直线"图标按钮 ＼，开始绘制直线。

05 绘制直线。在绘图区域单击确定直线的起点 3，然后移动光标到图中合适的位置，由于直线 34 为水平直线，所以当光标附近出现符号 ▬ 时单击，确定直线 34 的终点 4。

06 绘制其他直线。重复以上绘制直线的步骤，绘制其他直线段，在绘制过程中要注意光标的形状，以确定是水平、竖直或者任意直线段。

07 退出直线绘制。按 Esc 键，或者在绘图区域单击鼠标右键，利用快捷菜单中的"选择"选项，退出直线的绘制，如图 2-12 所示绘制完毕。

在执行绘制直线命令时，系统弹出如图 2-13 所示的"插入线条"属性管理器，在"方向"设置栏有 4 个选项，默认是"按绘制原样"选项。不同选项绘制直线的类型不一样，单击"按绘制原样"选项外的任意一项，会要求输入直线的参数。以"角度"为例，单击该选项，会出现如图 2-14 所示的属性管理器，要求输入直线的参数。设置好参数以后，然后单击直线的起点就可以绘制出所需要的直线。

图 2-13　"插入线条"属性管理器　　　图 2-14　设置参数的属性管理器

在属性管理器的"选项"设置栏有两个选项，选择不同的选项，可以分别绘制构造线和无限长直线。

在属性管理器的"参数"设置栏有两个选项，分别是长度和角度。通过设置这两个参数可以绘制一条直线。

2.2.3 绘制圆

当执行圆命令时，系统弹出如图 2-15 所示的"圆"属性管理器。从属性管理器中可以知道，圆也可以通过两种方式来绘制：一种是绘制基于中心的圆；另一种是绘制基于周边的圆。

1. 绘制基于中心的圆。

【例 2-5】以绘制如图 2-16c 所示图形为例，介绍中心圆的绘制步骤。

光盘\参考视频\第 2 章\例 2-5.avi

01 新建零件草图，执行命令。在草图绘制状态下，在菜单栏中选择"工具" → "草图绘制实体" → "圆"命令，或者单击"草图"工具栏中的"圆"图标按钮，开始绘制圆。

图 2-15 "圆"属性管理器

02 绘制圆心。在绘图区域单击，确定圆的圆心，如图 2-16a 所示。

03 确定圆的半径。移动光标拖出一个圆，然后单击，确定圆的半径，如图 2-16b 所示。

04 确认绘制的圆。单击"圆"属性管理器中的"确定"按钮，完成圆的绘制，如图 2-16c 所示。

图 2-16 所示为绘制基于中心圆的绘制过程。

a) 确定圆心　　　　　　b) 确定半径　　　　　　c) 确定圆

图 2-16 绘制基于中心圆的绘制过程图示

2. 绘制基于周边的圆。

【例2-6】以绘制如图2-17c所示图形为例，介绍基于周边的圆的绘制步骤。

光盘\参考视频\第2章\例2-6.avi

01 新建零件草图，执行命令。在草图绘制状态下，在菜单栏中选择"工具"→"草图绘制实体"→"周边圆"命令，或者单击"草图"工具栏中的"周边圆"图标按钮 ⊕，开始绘制圆。

02 绘制周边上的一点。在绘图区域单击，确定圆周边上的一点，如图2-17a所示。

03 绘制周边上的另一点。移动光标拖出一个圆，然后单击，确定周边上的另一点，如图2-17b所示。

04 绘制圆。完成拖动时，光标变为如图2-17b所示时，单击鼠标右键确定圆。

05 确定绘制的圆。单击"圆"属性管理器中的"确定"图标按钮 ✔，完成圆的绘制。

图2-17所示为绘制基于周边圆的绘制过程。

R = 9.34

a) 确定圆周边上一点　　　b) 拖动绘制圆　　　c) 确定圆

图2-17　周边圆绘制过程

圆绘制后，可以通过拖动修改圆草图。通过鼠标左键拖动圆的周边可以改变圆的半径，拖动圆的圆心可以改变圆的位置。

圆绘制后，可以通过图2-15所示的"圆"属性管理器修改圆的属性，通过属性管理器中"参数"一栏可以修改圆心坐标和圆的半径。

2.2.4　绘制圆弧

绘制圆弧的方法主要有4种：圆心/起/终点画弧、切线弧、三点圆弧与直线命令画弧。

1. 圆心/起/终点画弧方法是先指定圆弧的圆心，然后顺序拖动光标指定圆弧的起点和终点，确定圆弧的大小和方向。

【例2-7】以绘制如图2-18c所示图形为例，介绍圆心/起/终点画弧的绘制步骤。

光盘\参考视频\第2章\例2-7.avi

01 新建零件草图，执行命令。在草图绘制状态下，在菜单栏中选择"工具"→"草图绘制实体"→"圆心/起/终点画弧"命令，或者单击"草图"工具栏中的"圆心/起/终点画弧"图标按钮，开始绘制圆弧。

02 绘制圆弧的圆心。在绘图区域单击，确定圆弧的圆心，如图 2-18a 所示。

03 绘制圆弧起点。绘制圆弧的起点在绘图区域合适的位置单击，确定圆弧的起点，如图 2-18b 所示。

04 绘制圆弧终点。拖动光标确定圆弧的角度和半径并单击，结果如图 2-18c 所示。

05 确认绘制的圆弧。单击左侧"圆弧"属性管理器中的"确定"图标按钮，完成圆弧的绘制。

图 2-18 所示为圆弧的绘制过程。

a) 确定圆弧圆心　　　　b) 拖动确定起点　　　　c) 拖动确定终点

图 2-18　圆心/起/终点画弧过程

圆弧绘制完成后，可以在圆弧的属性管理器中修改其属性。

2. 切线弧是指生成一条与草图实体相切的弧线。草图实体可以是直线、圆弧、椭圆和样条曲线等。

【例 2-8】以绘制如图 2-19 所示图形为例，介绍切线弧的绘制步骤。

光盘\参考视频\第 2 章\例 2-8.avi

01 新建零件草图，执行命令。在草图绘制状态下，在菜单栏中选择"工具"→"草图绘制实体"→"切线弧"命令，或单击"草图"工具栏中的"切线弧"图标按钮，开始绘制切线弧。

02 选择切线弧起点。在已经存在草图实体的端点处单击，此时系统弹出如图 2-20 所示的"圆弧"属性管理器，光标变为形状。

03 绘制切线弧终点。拖动光标确定绘制圆弧的形状并单击，确认。

04 确认绘制的切线弧。单击左侧"圆弧"属性管理器中的"确定"图标按钮，完成切线弧的绘制。如图 2-19 所示为绘制直线的切线弧。

在绘制切线弧时，系统可以从指针移动推理，是需要切线弧还是法线弧。存在 4 个目的区，具有如图 2-21 所示的 8 种可能结果。沿相切方向移动指针将生成切线弧；沿垂直方向移动将生成法线弧。可以通过返回到端点，然后向新的方向移动在切线弧和法线弧之间进行切换。选择绘制的切线弧，在"圆弧"属性管理器中可以修改切线弧的属性。

图 2-19　直线的切线弧　　图 2-20　　"圆弧"属性管理器　　图 2-21　绘制的 8 种切线弧

 注意：
　　　　绘制切线弧时，光标拖动的方向会影响绘制圆弧的样式，因此在绘制切线弧时，光标最好沿着产生圆弧的方向拖动。

　　3．三点圆弧是通过起点、终点与中点的方式绘制圆弧。

　　【例 2-9】以绘制如图 2-22c 所示图形为例，介绍三点圆弧的绘制步骤。

光盘\参考视频\第 2 章\例 2-9.avi

　　01 新建零件草图，执行命令。在草图绘制状态下，在菜单栏中选择"工具"→"草图绘制实体"→"三点圆弧"命令，或者单击"草图"工具栏中的"三点圆弧"图标按钮，开始绘制圆弧，此时光标变为形状。

　　02 绘制圆弧起点。在绘图区域单击，确定圆弧的起点，如图 2-22a 所示。

　　03 绘制圆弧的终点。拖动光标到圆弧结束的位置并单击，确认，如图 2-22b 所示。

　　04 绘制圆弧的中点。拖动光标确定圆弧半径和方向并单击，确认，如图 2-22c 所示。

　　05 确认绘制的圆弧。单击左侧"圆弧"属性管理器中的"确定"图标按钮，完成三点圆弧的绘制。

　　图 2-22 所示为三点圆弧的绘制过程。

a)　确定起点　　　　　b)　确定终点　　　　　　　c)　确定中点

图 2-22　三点圆弧绘绘过程

选择绘制的三点圆弧，然后在圆弧属性管理器中可以修改三点圆弧的属性。

4．直线命令除了可以绘制直线外，还可以绘制连接在直线端点处的切线弧，使用该命令，必须首先绘制一条直线，然后才能绘制圆弧。

【例2-10】以绘制如图2-23c所示图形为例，介绍三点圆弧的绘制步骤。

光盘\参考视频\第2章\例2-10.avi

a）拖出鼠标   b）拖回至终点   c）确定圆弧

图2-23 直线命令绘制圆弧过程

01 新建零件草图，执行直线命令。在草图绘制状态下，在菜单栏中选择"工具"→"草图绘制实体"→"直线"命令，或者单击"草图"工具栏中的"直线"图标按钮＼，绘制一条直线。

02 设置绘制圆弧。在不结束绘制直线命令的情况下，将光标稍微向旁边拖动，如图2-23a所示。

03 拖回到直线终点。将光标拖回到直线的终点，开始绘制圆弧，如图2-23b所示。

04 绘制圆弧。拖动光标到图中合适的位置并单击，确定圆弧的大小。

图2-23所示为使用直线命令绘制圆弧的过程。

直线转换为绘制圆弧的状态，必须先将光标拖回至终点，然后拖出才能绘制圆弧。也可以在此状态下，单击鼠标右键，此时系统弹出如图2-24所示的快捷菜单，单击其中的"转到圆弧"即可绘制圆弧。同样在绘制圆弧的状态下，可以使用快捷菜单中的"转到直线"选项，就可以绘制直线。

图2-24 快捷菜单

2.2.5 绘制矩形

绘制矩形的方法主要有4种：边角矩形、中心矩形、三点边角矩形、三点中心矩形与平行四边形命令绘制矩形。

1．边角矩形命令画矩形的方法是标准的矩形草图命令。先指定矩形的左上与右下的端点确定矩形的长度和宽度。

【例 2-11】以绘制如图 2-25 所示的矩形为例，说明绘制边角矩形的操作步骤。

光盘\参考视频\第 2 章\例 2-11.avi

01 新建零件草图，执行命令。在草图绘制状态下，在菜单栏中选择"工具"→"草图绘制实体"→"矩形"命令，或者单击"草图"工具栏中的"矩形"图标按钮 □，此时鼠标变为 ⅃ 形状。

02 绘制矩形角点。在绘图区域单击，确定矩形的一个角点 1。

03 绘制矩形的另一个角点。移动光标，单击，确定矩形的另一个角点 2，矩形绘制完毕。

在绘制矩形时，既可以移动光标确定矩形的角点 2，也可以在确定第一角点时，不释放鼠标，直接拖动光标确定角点 2。

矩形绘制完毕后，左键拖动矩形的一个角点，可以动态地改变矩形的尺寸。绘制矩形属性管理器如图 2-26 所示

2．中心矩形命令画矩形的方法指定矩形的中心与右上的端点确定矩形的中心和 4 条边线。

【例 2-12】以绘制如图 2-27 所示图形为例，介绍中心矩形的绘制步骤。

光盘\参考视频\第 2 章\例 2-12.avi

01 新建零件草图，执行命令。在草图绘制状态下，在菜单栏中选择"工具"→"草图绘制实体"→"中心矩形"命令，或者单击"草图"工具栏中的"中心矩形"图标按钮 □，此时鼠标变为 ⅃ 形状。

02 绘制矩形中心点。在绘图区域单击，确定矩形的中心点 1。

03 绘制矩形的一个角点。移动光标，单击，确定矩形的一个角点 2，矩形绘制完毕。

3．三点边角矩形命令是通过制定三个点来确定矩形的，前面两个点来定义角度和一条边，第三点来确定另一条边。

图 2-25　绘制的矩形　　　　图 2-26　绘制矩形属性管理器　　　　图 2-27　绘制中心矩形

【例 2-13】以绘制如图 2-28 所示的矩形为例，说明绘制点边角矩形的操作步骤。

光盘\参考视频\第 2 章\例 2-13.avi

01 新建零件草图，执行命令。在草图绘制状态下，在菜单栏中选择"工具"→"草图绘制实体"→"三点边角矩形"命令，或者单击"草图"工具栏中的"三点边角矩形"图标按钮◇，此时光标变为◇形状。

02 绘制矩形边角点。在绘图区域单击，确定矩形的边角点 1。

03 绘制矩形的另一个边角点。移动光标，单击，确定矩形的另一个边角点 2。

04 绘制矩形的第三个边角点。继续移动光标，单击，确定矩形的第三个边角点 3，矩形绘制完毕。

4．三点中心矩形命令是通过制定 3 个点来确定矩形。

【例 2-14】以绘制如图 2-29 所示的矩形为例，说明绘制点中心矩形的操作步骤。

光盘\参考视频\第 2 章\例 2-14.avi

01 新建零件草图，执行命令。在草图绘制状态下，在菜单栏中选择"工具"→"草图绘制实体"→"三点中心矩形"命令，或者单击"草图"工具栏中的"三点中心矩形"图标按钮◇，此时光标变为◇形状。

图 2-28　绘制 3 点边角矩形　　　　图 2-29　绘制的矩形

02 绘制矩形中心点。在绘图区域单击，确定矩形的中心点 1。

03 设定矩形一条边的一半长度。移动光标，单击，确定矩形一条边线的一半长度的一个点 2。

04 绘制矩形一个角点。移动光标，单击，确定矩形的一个角点 3，矩形绘制完毕。

5．平行四边形命令既可以生成平行四边形，也可以生成边线与草图网格线不平行或不垂直的矩形。

【例 2-15】以绘制如图 2-30 所示的矩形为例，说明使用平行四边形命令画矩形的操作步骤。

光盘\参考视频\第 2 章\例 2-15.avi

01 新建零件草图，执行命令。在草图绘制状态下，在菜单栏中选择"工具"→"草图绘制实体"→"平行四边形"命令，或者单击"草图"工具栏中的"平行四边形"图标按钮，此时光标变为形状。

02 绘制平行四边形的第一个点。在绘图区域单击，确定平行四边形的第一个点 1。

03 绘制平行四边形的第二个点。移动光标，在合适的位置单击，确定平行四边形的第二个点 2。

04 绘制平行四边形的第三个点。移动光标，在合适的位置单击，单击左键确定平行四边形的第三个点 3，平行四边形绘制完毕。

平行四边形绘制完左键拖动平行四边形的一个角点，可以动态地改变平行四边尺寸。

在绘制完平行四边形的点 1 与点 2 后，按住 Ctrl 键，移动光标可以改变平行四边形的形状，然后在合适的位置单击，可以完成任意形状的平行四边形的绘制。图 2-31 所示为绘制的一个平行四边形。

图 2-30　绘制的平行四边形　　　　　图 2-31　任意形状平行四边形

2.2.6　绘制多边形

多边形命令用于绘制边数为 3～40 之间的等边的多边形。

【例 2-16】以绘制如图 2-32 所示的多边形为例，说明绘制多边形的操作步骤。

光盘\参考视频\第 2 章\例 2-16.avi

01 新建零件草图，执行命令。在草图绘制状态下，在菜单栏中选择"工具"→"草图绘制实体"→"多边形"命令，或者单击"草图"工具栏中的"多边形"图标按钮，此时光标变为形状，并弹出如图 2-33 所示的"多边形"属性管理器。

02 确定多边形的边数。在"多边形"属性管理器中，输入多边形的边数。也可以使用默认的边数，在绘制以后再修改多边形的边数。

03 确定多边形的中心。在绘图区域单击，确定多边形的中心。

图 2-32 绘制的多边形   图 2-33 "多边形"属性管理器

04 确定多边形的形状。移动光标，在合适位置单击，确定多边形的形状。

05 设置多边形参数。在"多边形"属性管理器中选择是内切圆模式还是外接圆模式，然后修改多边形辅助圆直径以及角度。

06 绘制其他多边形。如果还要绘制另一个多边形，单击属性管理器中的"新多边形"按钮，然后重复步骤 **02** ～ **05** 即可。

在绘制多边形时，即可先在"多边形"属性管理器中设置多边形的属性，然后再绘制多边形；也可以先按照默认的设置方式绘制好多边形，再在属性管理器中进行修改。

 注意：
多边形有内切圆和外接圆两种方式，两者的区别主要在于标注方法的不同。内切圆是表示圆中心到各边的垂直距离，外接圆是表示圆中心到多边形端点的距离。

2.2.7 绘制椭圆与部分椭圆

椭圆是由中心点、长轴长度与短轴长度确定的，三者缺一不可。下面将分别介绍椭圆和部分椭圆的绘制方法。

1．绘制椭圆。

【例 2-17】以绘制如图 2-34 所示图形为例，介绍椭圆的绘制步骤。

 光盘\参考视频\第 2 章\例 2-17.avi

01 新建零件草图，执行命令。在草图绘制状态下，在菜单栏中选择"工具"→"草图绘制实体"→"椭圆"命令，或者单击"草图"工具栏中的"椭圆"图标按钮❍，此时鼠标变为❍形状。

02 绘制椭圆的中心。在绘图区域合适的位置单击，确定椭圆的中心。

03 确定椭圆的长半轴。移动光标，在鼠标附近会显示椭圆的长半轴 R 和短半轴 r。在图中合适的位置单击，确定椭圆的长半轴 R。

SolidWorks 2014 中文版快速入门实例教程

04 确定椭圆的短半轴。移动光标，在图中合适的位置单击，确定椭圆的短半轴 r，此时会出现如图 2-35 所示的"椭圆"属性管理器。

图 2-34　绘制的椭圆　　　　　图 2-35　　"椭圆"属性管理器

05 修改椭圆参数。在"椭圆"属性管理器中修改椭圆的中心坐标，以及长半轴和短半轴的大小。

06 确认绘制的椭圆。单击"椭圆"属性管理器中的"确定"图标按钮 ✔，完成椭圆的绘制。

椭圆绘制完毕后，左键拖动椭圆的中心和四个特征点，可以改变椭圆的形状。当然通过"椭圆"属性管理器可以精确地修改椭圆的位置和长、短半轴。

2．绘制部分椭圆。

【例 2-18】以绘制如图 2-36c 所示图形为例，介绍部分椭圆的绘制步骤。

光盘\参考视频\第 2 章\例 2-18.avi

01 新建零件草图，执行命令。在草图绘制状态下，在菜单栏中选择"工具"→"草图绘制实体"→"部分椭圆"命令，或者单击"草图"工具栏中的"部分椭圆"图标按钮 ✐，此时鼠标变为 ✎ 形状。

02 确定椭圆弧的中心。在绘图区域合适的位置单击，确定椭圆弧的中心。

03 确定椭圆弧的长半轴。移动光标，在光标附近会显示椭圆的长半轴 R 和短半轴 r。在图中合适的位置单击，确定椭圆弧的长半轴 R。

04 确定椭圆弧的短半轴。移动光标，在图中合适的位置单击，确定椭圆弧的短半轴 r。

05 设置属性管理器。绕圆周移动光标，确定椭圆弧的范围，此时会出现"椭圆弧"属性管理器，根据需要设定椭圆弧的参数。

06 确认椭圆弧。单击"椭圆弧"属性管理器中的"确定"图标按钮 ✔，完成椭圆弧的绘制。

图 2-36 所示为绘制椭圆弧的过程。

a) 确定长半轴   b) 确定短半轴   c) 确定椭圆弧

图 2-36 椭圆弧绘制过程图示

2.2.8 绘制抛物线

抛物线的绘制方法是，先确定抛物线的焦点，然后确定抛物线的焦距，最后确定抛物线的起点和终点。

【例 2-19】以绘制如图 2-37c 所示图形为例，介绍抛物线的绘制步骤。

光盘\参考视频\第 2 章\例 2-19.avi

01 新建零件草图，执行命令。在草图绘制状态下，在菜单栏中选择"工具"→"草图绘制实体"→"抛物线"命令，或者单击"草图"工具栏中的"抛物线"图标按钮 ∪，此时鼠标变为 ∖∪ 形状。

02 绘制抛物线的焦点。在绘图区域中合适位置单击，确定抛物线的焦点。

03 确定抛物线的焦距，移动光标，在图中合适的位置单击，确定抛物线的焦距。

04 绘制抛物线的起点。移动光标，在图中合适的位置单击，确定抛物线的起点。

05 设置属性管理器。移动光标，在图中合适的位置单击，确定抛物线的终点，此时会出现"抛物线"属性管理器，根据需要设置属性管理器中抛物线的参数。

06 确认绘制的抛物线。单击"抛物线"属性管理器中的"确定"图标按钮 ✓，完成抛物线的绘制。

图 2-37 所示为绘制抛物线的过程。

左键拖动抛物线的特征点，可以改变抛物线的形状。拖动抛物线的顶点，使其偏离焦点，可以是抛物线更加平缓；反之，抛物线会更加尖锐。拖动抛物线的起点或者终点，可以改变抛物线一侧的长度。

如果要改变抛物线的属性，在草图绘制状态下，选择绘制的抛物线，会在特征管理区出现"抛物线"属性管理器，按照需要修改其中的参数，就可以修改相应的属性。

a) 确定焦距　　　　b) 确定起点　　　　c) 确定终点

图 2-37　抛物线的绘制过程图示

2.2.9　绘制样条曲线

　　系统提供了强大的样条曲线绘制功能，样条曲线的点至少需要两个点，并且可以在端点指定相切。

　　【例 2-20】以绘制如图 2-38c 所示图形为例，介绍样条曲线的绘制步骤。

光盘\参考视频\第 2 章\例 2-20.avi

a)　确定第二点　　　　b)　确定第三点　　　　c)　确定其他点

图 2-38　样条曲线的绘制过程图示

　　01 新建零件草图，执行命令。在草图绘制状态下，在菜单栏中选择"工具"→"草图绘制实体"→"样条曲线"命令，或者单击"草图"工具栏中的"样条曲线"图标按钮 ∿，此时光标变为 ↘ 形状。

　　02 绘制样条曲线的起点。在绘图区域单击，确定样条曲线的起点。

　　03 绘制样条曲线的第二个点。移动光标，在图中合适的位置单击，确定样条曲线上的第二点。

　　04 绘制样条曲线的其他点。重复移动光标，确定样条曲线上的其他点。

　　05 退出样条曲线的绘制。按 Esc 键，或者双击退出样条曲线的绘制。

　　如图 2-38 所示为绘制样条曲线的过程。

　　样条曲线绘制完毕后，可以通过以下方式，对样条曲线进行编辑和修改。

> ➤ 样条曲线属性管理器：如图 2-39 所示，通过其中"参数"一栏可以实现对样条
> 曲线的修改。
> ➤ 样条曲线上的点：选择要修改的样条曲线，此时样条曲线上会出现点，左键拖
> 动这些点就可以实现对样条曲线的修改，图 2-40 所示为样条曲线的修改过程，
> 如图 2-40a 所示为修改前的图形，图 2-40b 所示为向上拖动点 1 后的图形。

a）修改前的图形　　　　b）修改后的图形

图 2-39　"样条曲线"管理器　　　　　　图 2-40　样条曲线修改过程图示

> ➤ 插入样条曲线型值点：确定样条曲线形状的点称为型值点，即除样条曲线端点以外
> 的点。在样条曲线绘制以后，还可以插入一些型值点。右键单击样条曲线，在其快
> 捷菜单中选择"插入样条曲线型值点"，然后在需要添加的位置单击即可。
> ➤ 删除样条曲线型值点：选择要删除的点，然后按 Delete 键即可。
> ➤ 样条曲线的编辑还有其他一些功能，如显示样条曲线控标、显示拐点、显示最小半
> 径与显示曲率检查等，在此不一一介绍，可以单击鼠标右键，选择相应的功能，进
> 行练习。

注意：
　　　　系统默认会显示样条曲线的显示。单击"样条曲线工具"工具栏中的"显示
样条曲线控标"图标按钮，可以隐藏或者显示样条曲线的控标。

2.2.10　绘制草图文字

草图文字可以在零件特征面上添加，用于拉伸和切除文字，形成立体效果。文字可以添
加在任何连续曲线或边线组中，包括由直线、圆弧、或样条曲线组成的圆或轮廓。

【例 2-21】以绘制如图 2-41 所示图形为例,介绍草图文字的绘制步骤。

光盘\参考视频\第 2 章\例 2-21.avi

图 2-41 拉伸后的文字

01 新建零件草图,执行命令。在草图绘制状态下,在菜单栏中选择"工具"→"草图绘制实体"→"文本"命令,或者单击"草图"工具栏中的"文字"图标按钮 A,此时系统出现如图 2-42 所示的"草图文字"属性管理器。

02 指定定位线。在绘图区域中选择一边线、曲线、草图或草图线段,作为绘制文字草图的定位线,此时所选择的边线出现在"草图文字"属性管理器中的"曲线"一栏。

03 输入绘制的草图文字。在"草图文字"属性管理器中的"文字"一栏输入要添加的文字"Solidworks2014"。此时,添加的文字出现在绘图区域曲线上。

04 修改字体。如果不需要系统默认的字体,单击去掉属性管理器中的"使用文档字体"选项,然后单击"字体"按钮,此时系统出现如图 2-43 所示的"选择字体"对话框,按照需要进行设置。

图 2-42 "草图文字"属性管理器

图 2-43 "选择字体"对话框

05 确认绘制的草图文字。设置好字体后,单击"选择字体"对话框中的"确定"按钮,然后单击"草图文字"属性管理器中的"确定"图标按钮 ✓,完成草图文字的绘制。

注意：

1. 在草图绘制模式下，双击已绘制的草图文字，在系统弹出的"草图文字"属性管理器中可以对其进行修改。

2. 如果曲线为草图实体或一组草图实体，而且草图文字与曲线位于同一草图内，必须将草图实体转换为几何构造线。

如图2-44所示为绘制的草图文字。

Solidworks2014

图2-44　绘制的草图文字

2.3　草图编辑工具

本节主要介绍草图编辑工具的使用方法，如圆角、倒角、等距实体、裁减、延伸、镜像移动、复制、旋转与修改等。

2.3.1　绘制圆角

绘制圆角工具是将两个草图实体的交叉处剪裁掉角部，生成一个与两个草图实体都相切的圆弧，此工具在二维和三维草图中均可使用。

【例2-22】以绘制如图2-45b所示图形为例，介绍圆角的绘制步骤。

光盘\参考视频\第2章\例2-22.avi

01 新建零件草图，执行命令。在草图编辑状态下，在菜单栏中选择"工具"→"草图工具"→"圆角"命令，或者单击"草图"工具栏中的"绘制圆角"图标按钮，此时系统出现如图2-46所示的"绘制圆角"属性管理器。

02 设置圆角属性。在"绘制圆角"属性管理器中，设置圆角的半径。如果顶点具有尺寸或几何关系，选中保持拐角处约束条件复选框，将保留虚拟交点。如果不选中该复选框，且如果顶点具有尺寸或几何关系，将会询问是否想在生成圆角时删除这些几何关系。

03 选择绘制圆角的直线。设置好"绘制圆角"属性管理器，鼠标左键选择如图2-45a所示中的直线1和2、直线2和3、直线3和4、直线4和1。

04 确认绘制的圆角。单击"绘制圆角"属性管理器中的"确定"图标按钮，完成圆角的绘制。

注意：

SolidWorks可以将两个非交叉的草图实体进行圆角。执行圆角命令后，草图实体将被拉伸，边角将被圆角处理。

a）绘制前的图形   b）绘制后的图形

图 2-45　圆角绘制过程　　　　　　　　图 2-46　绘制圆角属性管理器

2.3.2　绘制倒角

绘制倒角工具是将倒角应用到相邻的草图实体中，此工具在二维和三维草图中均可使用。倒角的选取方法与圆角相同。"绘制倒角"属性管理器中提供了倒角的两种设置方式，分别是"角度距离"设置倒角方式和距离－距离"设置倒角方式。

【例 2-23】以绘制如图 2-49b 所示的图形为例，介绍倒角的绘制步骤。

光盘\参考视频\第 2 章\例 2-23.avi

01 新建零件草图，执行命令。在草图编辑状态下，绘制如图 2-49 a 所示图形，在菜单栏中选择"工具"→"草图工具"→"倒角"命令，或者单击"草图"工具栏中的"绘制倒角"图标按钮，此时系统出现如图 2-47 所示的"绘制圆角"属性管理器。

02 设置"角度距离"倒角方式。在"绘制倒角"属性管理器中，按照图 2-47 所示以"角度距离"选项设置倒角方式，倒角参数如图 2-47 所示，然后选择如图 2-49a 所示中的直线 1 和直线 4。

03 设置"距离－距离"倒角方式。在"绘制倒角"属性管理器中，单击"距离－距离"选项，按照如图 2-48 所示设置倒角方式，选择如图 2-49a 所示中的直线 2 和直线 3。

04 确认倒角。单击"绘制倒角"属性管理器中的"确定"图标按钮，完成倒角的绘制。

图 2-47　"角度－距离"设置方式　　　图 2-48　"距离－距离"设置方式

a）绘制前的图形　　　　　　　b）绘制后的图形

图 2-49　倒角绘制过程

以"距离－距离"方式绘制倒角时，如果设置的两个距离不相等，选择不同草图实体的次序不同，绘制的结果也不相同。如图 2-50 所示，设置 D1＝10，D2＝20。图 2-50a 所示为原始图形；图 2-50b 所示为先选取左边的直线，后选择右边直线形成的图形；图 2-50c 所示为先选取右边的直线，后选择左边直线形成的图形。

a）　原始图形　　　　　b）　先左后右的图形　　　　c）　先右后左的图形

图 2-50　选择直线次序不同形成的倒角

2.3.3　等距实体

等距实体工具是按特定的距离等距一个或者多个草图实体、所选模型边线或模型面。例如样条曲线或圆弧、模型边线组、环等类的草图实体。

【例 2-24】以绘制如图 2-51 所示图形为例，介绍等距实体的绘制步骤。

光盘\参考视频\第 2 章\例 2-24.avi

01 新建零件草图，执行命令。在草图绘制状态下，在菜单栏中选择"工具"→"草图工具"→"等距实体"命令，或者单击"草图"工具栏中的"等距实体"图标按钮 ⬅。

02 设置属性管理器。此时系统弹出"等距实体"属性管理器，如图 2-52 所示。在"等距实体"属性管理器中按照需要进行设置。

03 选择等距对象。单击选择要等距的实体对象。

04 确认等距的实体。单击"等距实体"属性管理器中的"确定"图标按钮 ✅，完成等距实体的绘制。

"等距实体"属性管理器中各选项的意义如下：

➢ "等距距离"：设定数值以特定距离来等距草图实体。

➢ "添加尺寸"：在草图中添加等距距离的尺寸标注，这不会影响到包括在原有草图实体中的任何尺寸。

➢ "反向"：更改单向等距实体的方向。

➢ "选择链"：生成所有连续草图实体的等距。

➢ "双向"：在草图中双向生成等距实体。

➢ "制作基体结构"：将原有草图实体转换到构造性直线。

➢ "顶端加盖"：通过选择"双向"并添加一顶盖来延伸原有非相交草图实体。

图 2-51　等距后的草图实体　　　　　图 2-52　"等距实体"属性管理器

图 2-51 所示为按照如图 2-52 所示的"等距实体"属性管理器进行设置后，选取中间草图实体中任意一部分得到的图形。

图 2-53 所示为在模型面上添加草图实体的过程。执行过程为：先选择图 2-53a 中模型的上表面，然后进入草图绘制状态，再执行等距实体命令，设置参数为单向等距距离为 10。

a）原始图形　　　　　　　　　　b）等距后的图形

图 2-53　模型面等距实体

注意：

　　在草图绘制状态下双击等距距离的尺寸，然后更改数值，就可以修改等距实体的距离。在双向等距中，修改单个数值就可以更改两个等距的尺寸。

2.3.4　转换实体引用

转换实体引用是通过已有模型或者草图，将其边线、环、面、曲线、外部草图轮廓线、一组边线或一组草图曲线投影到草图基准面上。通过这种方式，可以在草图基准面上生成一或多个草图实体。使用该命令时，如果引用的实体发生更改，那么转换的草图实体也会相应的改变。

【例 2-25】以绘制如图 2-54b 所示图形为例，介绍转换实体引用的绘制步骤。

光盘\参考视频\第 2 章\例 2-25.avi

a)　转换实体引用前的图形　　　　　b)　转换实体引用后的图形

图 2-54　转换实体引用过程

01 打开文件。打开随书光盘中源文件/第 2 章/例 2-25-1.prt 文件，如图 2-54a 所示。

02 选择添加草图的基准面。在特征管理器中的树状目录中，选择要添加草图的基准面，本例选择基准面 1，然后单击"草图"工具栏上的"草图绘制"图标按钮 ，进入草图绘制状态。

03 选择实体边线。按住 Ctrl 键，选取图 2-54a 中的边线 1、2、3、4 以及圆弧 5。

04 执行命令。在菜单栏中选择"工具"→"草图绘制工具"→"转换实体引用"命令，或者单击"草图"工具栏中的"转换实体引用"图标按钮 ，执行转换实体引用命令。

05 确认转换实体。退出草图绘制状态，图 2-54b 所示为转换实体引用后的图形。

2.3.5　草图剪裁

草图剪裁是常用的草图编辑命令。执行草图剪裁命令时，系统会弹出如图 2-55 所示的"剪裁"属性管理器，根据剪裁草图实体的不同，可以选择不同的剪裁模式，下面介绍不同类型的草图剪裁模式。

➢　"强劲剪裁"：通过将光标拖过每个草图实体来剪裁草图实体。

> ➢ "边角"：剪裁两个草图实体，直到它们在虚拟边角处相交。
> ➢ "在内剪除"：选择两个边界实体，然后选择要裁剪的实体，剪裁位于两个边界实体外的草图实体。
> ➢ "在外剪除"：剪裁位于两个边界实体内的草图实体。
> ➢ "剪裁到最近端"：将一草图实体裁减到最近端交叉实体。

【例 2-26】以绘制图 2-56 所示图形为例，说明草图剪裁的操作步骤。

光盘\参考视频\第 2 章\例 2-26.avi

01 新建零件草图，执行命令。在草图编辑状态下，在菜单栏中选择"工具"→"草图工具"→"剪裁"命令，或者单击"草图"工具栏中的"剪裁实体"图标按钮，此时光标变为，并在左侧特征管理器出现"剪裁"属性管理器。

02 设置剪裁模式。选择"剪裁"属性管理器中的"剪裁到最近端"模式。

03 选择需要剪裁的直线。依次单击图 2-56a 中的 A 和 B 处，剪裁图中的直线。

a）剪裁前的图形　　　　　b）剪裁后的图形

图 2-55 "剪裁"属性管理器　　　　图 2-56 剪裁实体过程图示

04 确认剪裁实体。单击"剪裁"属性管理器中的"确定"图标按钮，草图实体的剪裁，结果如图 2-56b 所示。

2.3.6 草图延伸

草图延伸是常用的草图编辑命令。利用该工具可以将草图实体延伸至另一个草图实体。

【例 2-27】以绘制如图 2-57 所示图形为例，说明草图延伸的操作步骤。

光盘\参考视频\第 2 章\例 2-27.avi

01 新建零件草图，执行命令。在草图编辑状态下，在菜单栏中选择"工具"→"草图工具"→"延伸"菜单命令，或者单击"草图"工具栏中的"延伸实体"图标按钮 $\bar{\top}$，此时鼠标变为 $^\wedge\!\top$，进入草图延伸状态。

02 选择需要延伸的直线。单击图 2-57a 中直线。

03 确认延伸的直线。按住 Esc 键退出延伸实体状态，结果如图 2-57b 所示。

　　a）延伸前的图形　　　　　　　　b）延伸后的图形

图 2-57　草图延伸过程图示

在延伸草图实体时，如果两个方向都可以延伸，而需要单一方向延伸时，单击延伸方向一侧实体部分即可实现，在执行该命令过程中，实体延伸的结果预览会以红色显示。

2.3.7　分割草图

分割草图是将一连续的草图实体分割为两个草图实体，以方便进行其他操作。反之，也可以删除一个分割点，将两个草图实体合并成一个单一草图实体。

【例 2-28】以绘制如图 2-58 所示图形为例，说明分割草图的操作步骤。

光盘\参考视频\第 2 章\例 2-28.avi

01 新建零件草图，执行命令。在草图编辑状态下，在菜单栏中选择"工具"→"草图工具"→"分割实体"命令，或者单击"草图"工具栏中的"分割实体"图标按钮 ✏，进入分割实体状态.

02 确定添加分割点的位置。单击图 2-58a 中圆弧的合适位置，添加一个分割点。

03 确认添加的分割点。按住 Esc 键退出分割实体状态，结果如图 2-58b 所示。

在草图编辑状态下，如果欲将两个草图实体合并为一个草图实体，单击选中分割点，然后按 Delete 键即可。

　　a）分割前的图形　　　　　　　　b）分割后的图形

图 2-58　分割实体过程图示

2.3.8 镜像草图

在绘制草图时，经常要绘制对称的图形，这时可以使用镜像实体命令来实现，"镜像"属性管理器如图 2-59 所示。

在 SolidWorks2014 中，镜像点不再仅限于构造线，它可以是任意类型的直线。SolidWorks 提供了两种镜像方式，一种是镜像现有草图实体；另一种是在绘制草图动态镜像草图实体。

1．镜像现有草图实体。

【例 2-29】以如图 2-60 所示图形为例，介绍镜像现有草图实体的操作步骤。

光盘\参考视频\第 2 章\例 2-29.avi

01 新建零件草图，执行命令。在草图编辑状态下，在菜单栏中选择"工具"→"草图工具"→"镜像"命令，或者单击"草图"工具栏中的"镜像实体"图标按钮，此时系统弹出"镜像"属性管理器；

02 选择需要镜像的实体。单击属性管理器中"要镜像实体"一栏下面的对话框，然后在绘图区域中框选图 2-60a 中直线左侧的图形。

03 选择镜像点。单击属性管理器中"镜像点"一栏下面的对话框，然后在绘图区域中选取图 2-60a 中的直线。

04 确认镜像的实体。单击"镜像"属性管理器中的"确定"图标按钮，草图实体镜像完毕，结果如图 2-60b 所示。

a）镜像前的图形　　　b）镜像后的图形

图 2-59　"镜像"属性管理器　　　图 2-60　镜像草图过程

2．动态镜像草图实体

【例 2-30】以如图 2-61 所示图形为例，说明动态镜像草图实体的绘制过程。

光盘\参考视频\第 2 章\例 2-30.avi

01 确定镜像点。在草图绘制状态下，首先在绘图区域中绘制一条中心线，并选取它。

02 执行镜像命令。在菜单栏中选择"工具"→"草图工具"→"动态镜像"命令，或者单击"草图"工具栏中的"动态镜像实体"图标按钮 ，此时对称符号出现在中心线的两端。

03 镜像实体。在中心线的一侧绘制草图，此时另一侧会动态地镜像绘制的草图。

04 确认镜像实体。草图绘制完毕后，再次执行直线动态草图实体命令，即可结束该命令的使用。

图 2-61　动态镜像草图实体过程图示

 注意：

镜　像　实体在三维草图中不可使用。

2.3.9　线性草图阵列

线性草图阵列就是将草图实体沿一个或者两个轴复制生成多个排列图形。执行该命令时，系统会弹出如图 2-62 所示的"线性阵列"属性管理器。

【例 2-31】以图 2-63 所示图形为例，说明线性草图阵列的的绘制步骤。

光盘\参考视频\第 2 章\例 2-31.avi

01 新建零件草图，执行命令。在草图编辑状态下，在菜单栏中选择"工具"→"草图工具"→"线性阵列"命令，或者单击"草图"工具栏中的"线性草图阵列"图标按钮 。

02 设置属性管理器。此时系统出现"线性阵列"属性管理器，在"线性阵列"属性管理器中的"要阵列的实体"一栏选取图 2-63a 中直径为 10 的圆弧，其他按照如图 2-62 所示进行设置。

03 确认阵列的实体。单击"线性阵列"属性管理器中的"确定"图标按钮 ，结果如图 2-63b 所示。

2.3.10　圆周草图阵列

圆周草图阵列就是将草图实体沿一个指定大小的圆弧进行环状阵列。执行该命令时，系统会弹出如图 2-64 所示的"圆周阵列"属性管理器。

SolidWorks 2014 中文版快速入门实例教程

【例 2-32】以如图 2-65 所示图形为例，说明线性草图阵列的的绘制步骤。

a）阵列前的图形　　　　　　b）阵列后的图形

图 2-62　"线性阵列"属性管理器　　　　　　　图 2-63　草图阵列过程

光盘\参考视频\第 2 章\例 2-32.avi

01 新建零件草图，执行命令。在草图编辑状态下，在菜单栏中选择"工具"→"草图工具"→"圆周阵列"命令，或者单击"草图"工具栏中的"圆周草图阵列"图标按钮❀。此时系统出现"圆周阵列"属性管理器；

02 设置属性管理器。此时系统出现"圆周阵列"属性管理器，在"圆周阵列"属性管理器中的"要阵列的实体"一栏选取图 2-65a 中圆弧外的 3 条直线，在"参数"一项的第一栏选择圆弧的圆心，在"数量"一栏中输入值 8。

a）阵列前的图形　　　　b）阵列后的图形

图 2-64　"圆周阵列"属性管理器　　　　　　图 2-65　圆周阵列过程图示

03 确认阵列的实体。单击"圆周阵列"属性管理器中的"确定"图标按钮 ✓，结果如图 2-65b 所示。

2.3.11 移动草图

将一个或者多个草图实体进行移动。执行命令时，系统会弹出如图 2-66 所示的"移动"属性管理器。

在"移动"属性管理器中，"要移动的实体一栏"用于选取要移动的草图实体；"参数"中的"从/到"用于指定移动的开始点和目标点，是一个相对参数；选取"X/Y"选项，出现新的对话框，在其中输入相应的参数可以以设定的数值生成相应的目标。

2.3.12 复制草图

将一个或者多个草图实体进行复制。执行命令时，系统会出现如图 2-67 所示的"复制"属性管理器。"复制"属性管理器中的参数与"移动"属性管理器中参数意义相同，在此不再赘述。

图 2-66 "移动"属性管理器

图 2-67 "复制"属性管理器

2.3.13 旋转草图

旋转草图是通过选择旋转中心及要旋转的度数来旋转草图实体。执行命令时，系统会出现如图 2-68 所示的"旋转"属性管理器。

【例 2-33】以如图 2-69 所示图形为例，说明旋转草图实体的操作步骤。

光盘\参考视频\第 2 章\例 2-33.avi

01 新建零件草图，执行命令。在草图编辑状态下，在菜单栏中选择"工具"→"草图工具"→"旋转"菜单命令，或者单击"草图"工具栏中的"旋转实体"图标按钮。

a）旋转前的图形　　　b）旋转后的图形

图 2-68　"旋转"属性管理器　　　　　图 2-69　旋转草图过程图示

02 设置属性管理器。此时系统出现"旋转"属性管理器，在"旋转"属性管理器中的"要旋转的实体"一栏选取如图 2-69a 所示中的矩形，在"基准点"一栏选取矩形的左下端点；在"角度"一栏设置为-60。

03 确认旋转的草图实体。单击"旋转"属性管理器中的"确定"图标按钮，结果如图 2-69b 所示。

2.3.14　缩放草图

缩放草图是通过基准点和比例因子对草图实体进行缩放，也可以根据需要在保留圆缩放对象的基础上缩放草图。执行命令时系统会出现如图 2-70 所示的"比例"属性管理器。

图 2-70　"比例"属性管理器

【例 2-34】以如图 2-71 所示图形为例，说明缩放草图实体的操作步骤，如图 6-71a 所示为旋转前的图形，如图 2-71b 所示为比例因子为 0.8 不保留原图的图形，如图 2-72c 所示为保留原图，复制数为 5 的图形。

光盘\参考视频\第 2 章\例 2-34.avi

01 新建零件草图，执行命令。在草图编辑状态下，在菜单栏中选择"工具"→"草图绘制工具"→"缩放比例"命令，或者单击"草图"工具栏中的"缩放实体比例"图标按钮。此时系统出现"比例"属性管理器。

02 设置属性管理器。在"比例"属性管理器中的"要缩放比例的实体"一栏选取如图 2-71a 所示中的矩形，在"基准点"一栏选取矩形的左下端点；在"比例因子"一栏输入值 0.8，结果如图 2-71b 所示。

03 设置属性管理器。单击"比例"属性管理器中的"复制"复选框，在"复制数"一栏输入值 5，结果如图 2-71c 所示。

a) 缩放比例前的图形   b) 比例因子为 0.8 的图形   c) 复制数为 5 的图形

图 2-71　缩放比例过程图示

04 确认缩放的草图实体。单击"比例"属性管理器中的"确定"图标按钮。草图实体缩放完毕。

2.4　草图尺寸标注

草图尺寸标注包括多种尺寸标注类型，方便执行各种尺寸类型的标注下面将详细讲解尺寸标注格式的的设置方法，尺寸的各种标注类型及尺寸的修改方法。

在 SolidWorks 中，"尺寸/几何关系"工具栏如图 2-72 所示，单击工具栏中的各图标按钮可以执行相应的命令。

图 2-72　"尺寸/几何关系"工具栏

草图尺寸标注主要是对草图形状进行定义。SolidWorks 的草图标注采用参数式定义方式，即图形随着标注尺寸的改变而实时的改变。根据草图的尺寸标注，可以将草图分为 3 种状态，分别是欠定义状态、完全定义状态与过定义状态。草图以蓝色显示时，说明草图为欠定义状态；草图以黑色显示时，说明草图为完全定义状态；草图以红色显示时，说明草图为过定义状态。

2.4.1　设置尺寸标注格式

在标注尺寸之前，首先要设置尺寸标注的格式和属性。尺寸标注格式和属性虽然不影响特征建模的效果，但是好的标注格式和属性的设置，可以影响图形整体的美观性，所以尺寸标注格式和属性的设置在草图绘制中占有很重要的地位。

尺寸格式主要包括尺寸标注的界限、箭头与尺寸数字等的样式。尺寸属性主要包括尺寸标注的数值的精度、箭头的类型、字体的大小与公差等样式。下面将分别介绍尺寸标注格式尺寸标注属性的设置方法。

在菜单栏中选择"工具"→"选项"命令，此时系统弹出"文档属性"对话框，在其中选择"系统选项"选项卡，如图 2-73 所示。

图 2-73   "文档属性"对话框

在"系统选项"选项卡中，"尺寸""注解"和"出详图"等选项用来设置尺寸的标注格式。

1. 设置"尺寸"选项卡中的各选项。选择图 2-73 中的"尺寸"选项，此时弹出如图 2-74 所示的"文档属性-尺寸"对话框。在对话框中，可以设置"文本""箭头""尺寸精度"等。

图 2-74   "文档属性-尺寸"对话框

单击对话框中的"公差"按钮，系统弹出如图2-75所示的"尺寸公差"对话框，可以详细的设置公差精度的标注格式。

图 2-75　"公差精度"对话框

2. 设置"注解"选项卡中的各选项。选择图2-73中的"注解"选项，弹出如图2-76所示的"文档属性-注解"对话框。在其中的"文本"一栏中，单击"字体"选项，系统弹出如图2-77所示的"选择字体"对话框，在其中设置尺寸字体的标注样式。

图 2-76　"文档属性-注解"对话框

图 2-77　"选择字体"对话框

3. 设置"出详图"选项卡中的各选项。选择图 2-78 中的"出详图"选项，弹出如图 2-78 所示的"文档属性－出详图"对话框。在其中的"显示过滤器"一栏中，选择要使用的选项；在"文字比例"一栏中，设置相应的选项。

图 2-78　"文档属性-出详图"对话框

2.4.2　尺寸标注类型

SolidWorks 提供了 3 种进入尺寸标注的方法：

➢ 菜单方式：在菜单栏中选择"工具"→"标注尺寸"→"智能尺寸"命令。

➢ 工具栏方式：单击"草图"工具栏上的"智能尺寸"图标按钮❖。

➢ 快捷菜单方式：在草图绘制方式下，单击鼠标右键，在弹出的系统菜单中，选择"智能尺寸"选项。

进入尺寸标注模式下，光标将变为。退出尺寸标注模式的方法，对应的也用 3 种方式，第一：按 Esc 键；第二：再次单击"草图"工具栏上的"智能尺寸"图标按钮❖；第三：单击右键快捷菜单中的"选择"选项。

在 SolidWorks 中主要有线性尺寸标注、角度尺寸标注、圆弧尺寸标注与圆尺寸标注等类型。

1. 线性尺寸标注不仅仅是指标注直线段的距离，还包括点与点之间、点与线段直径的距离。标注直线长度尺寸时，根据光标所在的位置，可以标注不同的尺寸形式，有水平形式、垂直形式与平行形式，如图 2-79 所示。

水平形式

垂直形式　　　　　平行形式

图 2-79　直线标注形式图示

标注直线段长度的方法比较简单，在标注模式下，直接单击直线段，然后拖动光标即可。下面以标注图 2-80 所示两圆弧之间的距离为例，说明线性尺寸的标注方法。

【例 2-35】以如图 2-81 所示图形为例，说明标注线性尺寸的操作步骤如下：

光盘\参考视频\第 2 章\例 2-35.avi

01 新建零件草图，执行命令。在草图编辑状态下，在菜单栏中选择"工具"→"标注尺寸"→"智能尺寸"命令，或单击"草图"工具栏中的"智能尺寸"图标按钮，此时鼠标变为形状。

02 设置标注实体。单击图 2-80 中的圆弧 1 上的任意位置，然后单击圆弧 2 上的任意位置，此时视图中出现标注的尺寸。

03 设置标注位置。移动光标到要放置尺寸的位置，然后单击，此时系统出现如图 2-82 所示的"修改"对话框。在其中输入要标注的尺寸值后按 Enter 键，或者单击"修改"对话框中的"确定"图标按钮，此时视图如图 2-81 所示，并在左侧出现"尺寸"属性管理器。

图 2-80　两圆弧之间的线性尺寸　　　图 2-81　标注的尺寸　　　图 2-82　"修改"对话框

04 设置标注属性。在"尺寸"属性管理器中，单击"引线"选项，设置"圆弧条件"，"第一圆弧条件"与"第二圆弧条件"均选择"最大"选项。

05 确认尺寸标注。单击"尺寸"属性管理器中的"确定"图标按钮，完成尺寸的标注，结果如图 2-80 所示。

注意：　　　在标注两圆弧直径的距离时，如果使用圆心方式标注圆弧之间的距离，则不能修改标注的形式。

2．角度尺寸标注分为 3 种：

➢ 两直线之间的夹角：直接选取两条直线，没有顺序差别。根据光标所放置位置的不同，有 4 种不同的标注形式，如图 2-83 所示。

图 2-83　直线之间角度标注形式图示

➢ 直线与点之间的夹角：标注直线与点之间的夹角，有顺序差别。选择的顺序是：直线的一个端点→直线的另一个端点→点。一般有 4 种标注形式，如图 2-84 所示。

➢ 圆弧的角度：圆弧的标注顺序是：起点→终点→圆心。

图 2-84 直线与点之间角度的标注形式图示

【例 2-36】以如图 2-85 所示图形为例，介绍圆弧角度的操作步骤：

光盘\参考视频\第 2 章\例 2-36.avi

图 2-85 圆弧角度标注

01 新建零件草图，执行命令。在草图编辑状态下，在菜单栏中选择"工具"→"标注尺寸"→"智能尺寸"命令，或者单击"草图"工具栏中的"智能尺寸"图标按钮◆，此时鼠标变为 形状。

02 设置标注的位置。单击图 2-85 中的圆弧上的点 1，然后单击圆弧上的点 2，再单击圆心 3，此时系统出现"修改"对话框。在其中输入要标注的角度值，然后单击对话框中的确定"确定"图标按钮✓，此时在左侧出现"尺寸"属性管理器；

03 确认标注的圆弧角度。单击"尺寸"属性管理器中的"确定"图标按钮✓，完成圆弧角度尺寸的标注。结果如图 2-85 所示。

3．圆弧的标注分为 3 种标注方式：

➢ 标注圆弧的半径：标注圆弧半径的方法比较简单，直接选取圆弧，在"修改"对话框中输入要标注的半径值，然后单击放置标注的位置即可。图 2-86 所示说明了圆弧半径的标注过程。

标注前   标注中   标注后

图 2-86 圆弧半径的标注过程图示

➢ 标注圆弧的弧长：标注圆弧弧长的方式是，依次选取圆弧的两个端点与圆弧，在"修改"对话框中输入要标注的弧长值，然后单击放置标注的位置即可。如图 2-87 所示说明了圆弧弧长的标注过程。

选取两端点　　　　　选取圆弧　　　　　拖出鼠标　　　　　标注后

图 2-87　圆弧弧长的标注过程图示

➤ 标注圆弧的弦长：标注圆弧弦长的方式是，依次选取圆弧的两个端点与圆弧，然后拖出尺寸，单击放置的位置即可。根据尺寸放置的位置不同主要有 3 种形式：水平形式、垂直形式与平行形式，如图 2-88 所示。

图 2-88　圆弧弦长的标注形式图示

4．圆尺寸标注比较简单，标注方式为：执行标注命令，直接选取圆上任意点，然后拖出尺寸到要放置的位置单击，在"修改"对话框中输入要修改的直径数值。单击对话框中的"确定"图标按钮 ✔，即可完成圆尺寸标注。根据尺寸位置不同，通常圆分为 3 种标注方式，如图 2-89 所示。

图 2-89　圆尺寸的标注形式图示

2.4.3　尺寸修改

在草图编辑状态下，双击要修改的尺寸数值，此时系统出现"修改"对话框。在对话框中输入修改的尺寸值，然后单击对话框中的"确定"图标按钮 ✔，即可完成尺寸的修改。如图 2-90 所示说明了尺寸修改的过程。

选取尺寸并双击　　　　　输入要修改的尺寸值　　　　　修改后的图形

图 2-90　尺寸修改过程图示

"修改"对话框中各图标按钮的意义如下：

➤ ✓：保存当前修改的数值并退出对话框。

➤ ✗：取消修改的数值，恢复原始数值并退出此对话框。

➤ ⑧：以当前的数值重新生成模型。

➤ ±?：重新设置选值框中的增量值。

➤ ✍：标注要输入到工程图中的尺寸。此选项只在零件和装配体文件中使用。当插入模型项目到工程图中时，就可以相应的插入所有尺寸或插入标注的尺寸。

2.5 草图几何关系

本节将详细讲述草图的几何关系。讲述添加几何关系的方法以及显示以及删除几何关系的方法。

几何关系是草图实体和特征几何体设计意图中一个重要创建手段，是指各几何元素与基准面、轴线、边线或端点之间的相对位置关系。几何关系在目前参数是 CAD/CAM 软件中起着非常重要的作用。通过添加几何关系，可以很容易地控制草图形状，表达设计工程师的设计意图，为设计工程师带来很大的便利，提高设计的效率。

添加几何关系有两种方式：一种是自动添加几何关系；另一种是手动添加几何关系。常见几何关系类型及结果见表 2-1。

表 2-1 常见几何关系类型及结果

几何关系类型	要选择的草图实体	所长生的几何关系
水平或竖直	一条或多条直线，或两个或多个点	直线会变成水平或竖直，而点会水平或竖直对齐
共线	两条或多条直线	所选直线位于同一条无限长的直线上
全等	两个或多个圆弧	所选圆弧会共用相同的圆心和半径
垂直	两条直线	两条直线相互垂直
平行	两条或多条直线	所选直线相互平行
相切	圆弧、椭圆、或样条曲线，以及直线或圆弧	两个所选项目保持相切
同心	两个或多个圆弧，或一个点和一个圆弧	所选圆弧共用同一圆心
中点	两条直线或一个点和一直线	点保持位于线段的中点
交叉点	两条直线和一个点	点保持于直线的交叉点处
重合	一个点和一直线、圆弧或椭圆	点位于直线、圆弧或椭圆上
相等	两条或多条直线，或两个或多个圆弧	直线长度或圆弧半径保持相等
对称	一条中心线和两个点、直线、圆弧或椭圆	所选项目保持与中心线相等距离，并位于一条与中心线垂直的直线上
固定	任何实体	实体的大小和位置被固定
穿透	一个草图点和一个基准轴、边线、直线或样条曲线	草图点与基准轴、边线或曲线在草图基准面上穿透的位置重合
合并点	两个草图点或端点	两个点合并成一个点

✍ 注意:

1. 在为直线建立几何关系时，此几何关系相对于无限长的直线，而不仅仅是相对于草图线段或实际边线。因此，在希望一些实体互相接触时，它们可能实际上并未接触到。

2. 在生成圆弧段或椭圆段的几何关系时，几何关系实际上是对于整圆或椭圆的。

3. 为不在草图基准面上的项目建立几何关系，则所产生的几何关系应用于此项目在草图基准面上的投影。

4. 在使用等距实体及转换实体引用命令时，可能会自动生成额外的几何关系。

2.5.1 自动添加几何关系

自动添加几何关系是指在绘制图形的过程中，系统根据绘制实体的相关位置，自动赋予草图实体于几何关系，而不需要用于手动添加。

自动添加几何关系需要进行系统设置。设置的方法是：在菜单栏中选择"工具"→"选项"命令，此时系统出现"系统选项"对话框，单击"几何关系/捕捉"选项，然后选中"自动几何关系"复选框，并相应地选中"草图捕捉"各复选框，如图 2-91 所示。

如果取消"自动几何关系"复选框，虽然在绘图过程中有限制光标出现，但是并没有真正赋予该实体几何关系。图 2-92 所示为常见的自动几何关系类型。

图 2-91 设置自动添加几何关系

自动水平几何关系　　自动垂直几何关系　　自动垂直几何关系　　自动相切几何关系

图 2-92 常见自动几何关系类型

2.5.2 手动添加几何关系

当绘制的草图有多种几何关系时，系统无法自行判断，需要设计者手动添加几何关系。手动添加几何关系是设计者根据设计需要和经验添加的最佳几何关系。"添加几何关系"属性管理器如图 2-93 所示。

【例 2-37】以图 2-94 所示图形为例，说明手动添加几何关系的操作步骤。

光盘\参考视频\第 2 章\例 2-37.avi

01 新建零件草图，执行命令。在草图编辑状态下，在菜单栏中选择"工具"→"几何关系"→"添加"命令，或者单击"尺寸/几何关系"工具栏中的"添加几何关系"图标按钮└ 。

02 选择添加几何关系的实体。此时系统弹出"添加几何关系"属性管理器，单击选择如图 2-94a 所示中的 4 个圆，此时所选的圆弧出现在"添加几何关系"属性管理器中的"所选实体"一栏中，并且在"添加几何关系"一栏中出现所有可能的几何关系，如图 2-93 所示。

03 选择添加的几何关系。单击"添加几何关系"一栏中的"相等"图标按钮 = ，将4 个圆限制为等直径的几何关系。

04 确认添加的几何关系。单击"添加几何关系"属性管理器中的"确定"图标按钮 ✓ ，几何关系添加完毕，结果如图 2-94b 所示。

a）添加几何关系前的图形　　b）添加几何关系后的图形

图 2-93　"添加几何关系"属性管理器　　　图 2-94　添加几何关系前后图形

注意： 添加几何关系时，必须有一个实体为草图实体，其他项目实体可以是外草图实体、边线、面、顶点、原点、基准面或基准轴等。

2.5.3　显示几何关系

与其他CAD/CAM软件不同的是，SolidWorks在视图中不直接显示草图实体的几何关系，这样简化了视图的复杂度，但是用户可以很方便地查看实体的几何关系。

1．利用实体的属性管理器显示几何关系。左键双击要查看的项目实体，视图中就会出现该项目实体的几何关系图标符号，并且会在系统弹出的属性管理器中"现有几何关系"一栏中显示现有几何关系。图2-95a所示为显示几何关系前的图形，图2-95b所示为显示几何关系后的图形。图2-96所示为双击图2-95a中直线1后的"线条属性"属性管理器，在"现有几何关系"一栏中显示直线1所有的几何关系。

a）　显示几何关系前的图形　　b）　显示几何关系后的图形

图2-95　显示几何关系前后图形比较

图2-96　"线条属性"属性管理器

2．利用"显示/删除几何关系"属性管理器显示几何关系。在草图编辑状态下，在菜单栏中选择"工具"→"几何关系"→"显示/删除"命令，或者单击"尺寸/几何关系"工具栏中的"显示/删除几何关系"图标按钮，此时系统弹出"显示/删除几何关系"属性管理器。如果没有选择某一草图实体，则会显示所有草图实体的几何关系；如果执行命令前选择了某一草图实体，则只显示该实体的几何关系。

2.5.4　删除几何关系

如果不需要某一项目实体的几何关系，就需要删除该几何关系。与显示几何关系相对应，删除几何关系也有两种方法：

1．利用实体的属性管理器删除几何关系。左键双击要查看的项目实体，系统弹出实体的属性管理器中"现有几何关系"一栏中显示现有几何关系。以图2-96所示为例，如果要删除其中的"竖直"几何关系，单击选取"竖直"几何关系，然后按Delete

键即可删除。

2．利用"添加几何关系"属性管理器删除几何关系。以图 2-97 所示为例，在"添加几何关系"属性管理器中选取"竖直"几何关系，然后单击属性管理器中的"删除"按钮。如果要删除项目实体的所有几何关系，单击属性管理器中的"删除所有"按钮。

2.6　综合实例——连接片截面草图

由于图形关于两竖直坐标轴对称，所以先绘制除圆以外的关于轴对称部分的实体图形，利用镜像方式进行复制，调用草图圆绘制命令，再将均匀分布的小圆进行环形阵列，尺寸的约束在绘制过程中完成。

在本实例中，将利用草图绘制工具，绘制如图 2-98 所示的连接片截面草图。绘制流程如图 2-99 所示。

图 2-97　"添加几何关系"属性管理器　　　　　图 2-98　连接片截面草图

图 2-99　连接片截面草图绘制流程

光盘\参考视频\第 2 章\连接片截面草图.avi

01 新建文件。启动 SolidWorks 2014，单击菜单栏中的"文件"→"新建"命令，在弹出的"新建 SolidWorks 文件"对话框中单击"零件"→"确定"按钮，进入零件设计状态。

02 设置基准面。在设计树中选择前视基准面，此时前视基准面变为蓝色。

03 绘制中心线。单击"草图"工具栏中的"草图绘制"图标按钮，进入草图绘制界面。单击"草图"工具栏中的"中心线"图标按钮，绘制水平和竖直的中心线。

04 绘制草图。单击"草图"工具栏中的"直线"图标按钮╲和"圆"图标按钮⊙，绘制如图 2-100 所示的草图。

05 标注尺寸。单击"草图"工具栏中的"智能尺寸"图标按钮◇，进行尺寸约束。单击"草图"工具栏中的"剪裁实体"图标按钮✂，修剪掉多余的圆弧线，如图 2-101 所示。

图 2-100　绘制草图

图 2-101　智能尺寸标注

06 镜像图形。单击"草图"工具栏中的"镜像实体"图标按钮⚠，选择竖直轴线右侧的实体图形作为复制对象，镜像点为竖直中心线段，进行实体镜像，如图 2-102 所示。

图 2-102　镜像实体图形

07 草绘图形。单击"草图"工具栏中的"圆"图标按钮⊙，绘制直径分别为 10 和 30 的圆，并单击"草图"工具栏中的"智能尺寸"图标按钮◇，确定位置尺寸，如图 2-103 所示。

图 2-103　圆周草图阵列

08 阵列草图。单击"草图"工具栏中的"圆周草图阵列"图标按钮 🔅，选择直径为 10mm 的小圆，阵列数目为 3，如图 2-103 所示。

09 保存草图。单击"标准"工具栏中的"保存"图标按钮 🖫，保存文件。

2.7 上机操作

通过前面的学习，读者对本章知识也有了大体的了解，本节通过两个操作练习使读者进一步掌握本章知识要点。

操作提示：

（1）新建文件。在新建文件对话框中选择零件图标；

（2）选择前视基准面，单击 🗗 进入草图绘制模式；

（3）绘制中心线。在草图绘制工具栏中，单击 ┆ 按钮，绘制中心线；

（4）绘制圆。在草图绘制工具栏中，单击 ⊙ 按钮，绘制 4 个圆，出现尺寸对话框，输入图示尺寸；

（5）尺寸标注。在草图绘制工具栏中，单击 ◈ 按钮，标注尺寸如图 2-104 所示。

操作提示：

（1）新建文件。在新建文件对话框中选择零件图标；

（2）选择前视基准面，单击 🗗 进入草图绘制模式；

（3）绘制中心轴。在草图绘制工具栏中，单击 ┆ 按钮，过原点绘制中心轴；

（4）绘制中心对称轴左半边图形，在草图绘制工具栏中，单击 ⚭ 分别绘制如图三段圆弧 R10、R19 和 R10。单击 ＼ 按钮，绘制直线连接圆弧 R10 和 R19。单击 ⊙，绘制 φ10 的圆；

（5）添加几何关系。在草图绘制工具栏中，单击 ⊥ 按钮，选择图示圆弧、直线，保证其同心、相切的关系；

（6）镜像。选择绘制完成的图形，以中心线为对称轴进行镜像，得到如图 2-105 所示压盖；

（7）尺寸标注。在草图绘制工具栏中，单击 ◈ 按钮，标注尺寸如图 2-105 所示。

图 2-104　挡圈　　　　　　　　　　　　　　图 2-105　压盖

第3章 基础特征建模

 导读

　　草图绘制和标注完毕后，就要进行特征建模。特征是构成三维实体的基本元素，复杂的三维实体是由多个特征组成的。特征建模是 SolidWorks 主要建模技术，特征建模就是将一个个特征组合起来，生成一个三维零件。

　　在 SolidWorks 中，特征建模一般分为基础特征建模和附加特征建模两类。基础特征建模是三维实体最基本的生成方式，是单一的命令操作。下一章介绍附加特征建模。

学 习 要 点

◎　参考几何体

◎　基础特征

3.1　参考几何体

在实际的设计建模过程中，有时需要更多的参考平面或者参考轴线以及相对的坐标系统。SolidWorks 中将这些参考平面或者参考轴线总称为参考几何体，本节就简要介绍一下参考几何体的概念和使用。

在建立 SolidWorks 的三维实体模型中，系统会默认生成一个绝对坐标系，并伴有 3 个正交平面作为模型的参考平面，如图 3-1 所示。

图 3-1　默认的参考平面

3.1.1　基准面

基准面可以用在零件或装配体中，通过使用基准面可以绘制草图、生成模型的剖面视图、生成扫描和放样中的轮廓面等。图 3-2 显示了一个通过长方体的边线与底面成 45°角的基准面。下面介绍生成基准面步骤：

1．在菜单栏中选择"插入参考几何体"→"基准面"命令，或者单击"特征"工具栏中的"基准面"图标按钮 ◇，此时出现"基准面"属性管理器，如图 3-3 所示。

2．可以通过以下几种方式来生成基准面：

（1）选择一条边线、轴或草图线和一个点，或者选择 3 个点来生成基准面。

（2）选择一个平面和一个不在该平面上的点，从而生成一个通过该点并平行于被选择面的基准面。

（3）选择一个平面和一条边线、轴线或草图线，并在 □ 右面的微调框中指定角度，从而生成一个通过边线、轴线或草图线并与被选面成指定角度的基准面。

（4）选择一个平面，并在 □ 右面的微调框中指定距离，则生成一个与被选面等距的基准面。

（5）选择一条边线、轴线或曲线上的一个点，则生成一个通过该点并垂直于所选边线、轴线或曲线的基准面。

（6）选择一个空间曲面上的一个点，则生成一个通过该点并与曲面相切的基准面。

3．在步骤 2 中选取了基准面，则基准面便出现在 □ 图标右侧的参考实体栏中，在图形区域中出现基准面的预览效果。

4．如果要生成多个基准面，单击保持可见按钮，"基准面"属性管理器保持显示，继续步骤2，从而生成多个基准面。

5．单击"确定"图标按钮✅生成基准面，新的基准面便会出现在模型树中。

图 3-2　基准面

图 3-3　"基准面"属性管理器

3.1.2　基准轴

SolidWorks 中的轴是指为穿过圆锥面、圆柱体或圆周阵列中心的直线。SolidWorks 为每一个圆柱或圆锥设置了一条轴线，称为临时轴。临时轴是由模型中的圆柱或圆锥隐含生成的，用户可以随时通过菜单命令"视图"→"临时轴"来显示或隐藏临时轴。

有时候仅仅有临时轴还不能满足建模的要求，这就要求可以将任意的直线或两个平面的交线作为轴线，这时就需要将其设置为基准轴，插入基准轴有助于建造模型特征或阵列。下面介绍要生成基准轴步骤。

1．在菜单栏中选择"插入参考几何体"→"基准轴"命令，或者单击"特征"工具栏上的"基准轴"图标按钮。此时出现"基准轴" 属性管理器，如图 3-4 所示。

2．在"选择"栏中选择想生成的基准轴类型及项目，来生成基准轴。

（1）单击按钮，选择一条直线、边线或轴作为基准轴。

（2）单击按钮，选择两个平面，将两个平面的交线作为基准轴。

（3）单击按钮，选择两个点，将这两点之间的连线作为基准轴。

（4）单击■按钮，选择圆柱或圆锥面，将圆柱或圆锥面对应的临时轴作为基准轴。

（5）单击■按钮，选择一个点和一个平面，将从这点到平面的垂线作为基准轴。

图 3-4   "基准轴"属性管理器

3．在步骤 2 中选取了基准轴，基准轴便出现在□图标右侧的参考实体栏中，在图形区域中出现基准轴的预览效果。

4．如果要生成多个基准轴，单击保持可见按钮，"基准轴"属性管理器保持显示，继续步骤 2，从而生成多个基准轴。

5．单击✔按钮生成基准轴，新的基准轴便会出现在模型树中。

3.1.3 坐标系

在建立 SolidWorks 的三维实体模型中，系统会默认地生成一个绝对坐标系。此外，SolidWorks 还提供了设置相对坐标系的功能，该功能特别在装配模型的工作中会带来很大的好处。下面介绍要生成坐标系的操作步骤。

1．在菜单栏中选择"插入参考几何体"→"坐标系"命令，或者单击"特征"工具栏中的"坐标系"图标按钮♪。此时出现"坐标系" 属性管理器，如图 3-5所示。

2．在"选择"栏中单击♪图标右侧的原点栏，而后在图形区域中选择一个点作为新建坐标系的原点。此时新建的坐标系图标会显示在图形区域中。

因为 SolidWorks 的坐标系是笛卡儿坐标系，满足右手准则，所以只要确定了坐标原点和两个正交轴就可以确定坐标系。对应的"坐标系"属性管理器中就有一个轴的栏目空缺。

图 3-5   "坐标系" 属性管理器

3．单击"X 轴"栏目，在图形区域中选择一条直线作为新建坐标系的 X 轴，单击"X轴"栏目中的反向按钮■可以改变 X 轴的方向。

4．仿照步骤 3 确定另一个轴的方向。

5．单击 ✅ 按钮生成坐标系，新的坐标系便会出现在模型树中和图形区域中。

3.2　拉伸特征

拉伸特征是 SolidWorks 中最基础的特征之一，也是最常用的特征建模工具。拉伸特征是将一个二维平面草图，按照给定的数值沿与平面垂直的方向拉伸一段距离形成的特征。

图 3-6 所示为一草图的拉伸过程。拉伸特征包括 3 个基本的要素：

➢ 草图：是定义拉伸的基本轮廓，是拉伸特征最基本的要素，通常要求拉伸的草图是一个封闭的二维图形，并且不能有自相交叉的现象。

➢ 拉伸方向：是指定拉伸特征的方向，有正、反两个方向。

➢ 终止条件：在拉伸特征在拉伸方向上的终止位置。

拉伸的草图

单向拉伸效果

双向拉伸效果

图 3-6　拉伸过程

1．拉伸特征的操作步骤：

（1）执行命令。在草图编辑状态下，在菜单栏中选择"插入"→"凸台/基体"→"拉伸"命令，或者单击"特征"工具栏中的"拉伸凸台/基体"图标按钮 🖼，此时系统出现"拉伸"属性管理器，各栏的注释如图 3-7 所示。

（2）设置属性管理器。按照设计需要对"拉伸"属性管理器进行参数设置，然后单击属性管理器中的"确定"图标按钮 ✅。

2．拉伸特征的终止条件：不同的终止条件，拉伸效果是不同的。SolidWorks 提供了 8 种形式的终止条件，在"终止条件"一栏的下拉菜单中可以选用需要的拉伸类型。分别是：给定深度、完全贯穿、成形到下一面、成形到一顶点、成形到一面、到指定面指定的距离、成形到实体与两侧对称。下面将介绍不同终止条件下的拉伸效果。

（1）给定深度。从草图的基准面以指定的距离拉伸特征。图 3-8 所示终止条件为"给定深度"，拉伸深度为 70mm 时的属性管理器及其预览效果。

（2）完全贯穿。从草图的基准面拉伸特征直到贯穿视图中所有现有的几何体。图 3-9 所示终止条件为"完全贯穿"时的属性管理器及其预览效果。

图 3-7　"拉伸"属性管理器　　　图 3-8　终止条件为"给定深度"及其预览效果

图 3-9　终止条件为"完全贯穿"及其预览效果

（3）成形到下一面。从草图的基准面拉伸特征到相邻的下一面，以生成特征。下一面必须在同一零件上，该面既可以是平面也可以是曲面。图 3-10 所示终止条件为"成形到下一面"时的属性管理器及其预览效果。

图 3-10　终止条件为"成形到下一面"及其预览效果

（4）成形到一顶点。从草图基准面拉伸特征到一个平面，这个平面平行于草图基准面且穿越指定的顶点。如图 3-11 所示终止条件为"成形到下一面"时的属性管理器及其预览效果，顶点为图中的点 1。

（5）成形到一面。从草图的基准面拉伸特征到所选的面以生成特征，该面既可以是平面也可以是曲面。图 3-12 所示终止条件为"成形到一面"时的属性管理器及其预览效果，面为图中的面 1。

图 3-11　终止条件为"成形到一顶点"及其预览效果

图 3-12　终止条件为"成形到一面"及其预览效果

（6）到指定面指定距离。从草图的基准面拉伸特征到距离某面特定距离处以生成特征，该面既可以是平面也可以是曲面。图 3-13 所示终止条件为"到指定面指定距离"时的属性管理器及其预览效果，指定面为图中的面 1。

图 3-13　终止条件为"到指定面指定距离"及其预览效果

（7）成形到实体。从草图的基准面拉伸特征到指定的实体。图 3-14 所示终止条件为"成形到实体"时的属性管理器及其预览效果，所选实体为图中绘制的整体。

图 3-14　终止条件为"成形到实体"及其预览效果

（8）两侧对称。从草图的基准面向两个方向对称拉伸特征。图 3-15 所示终止条件为"两侧对称"时的属性管理器及其预览效果。

图 3-15   终止条件为"两侧对称"及其预览效果

3．拔模拉伸：在拉伸形成特征时，SolidWorks 提供了拉伸为拔模特征的功能。单击"拔模开关"图标按钮 ，在"拔模角度"一栏中输入需要的拔模角度。还可以利用"向外拔模"复选框，选择是向外拔模还是向内拔模。

图 3-16a 所示为设置拔模特征的"拉伸"属性管理器拉伸图形。

a）   "拉伸"属性管理器

b）   向内拔模拉伸

c）   向外拔模拉伸

图 3-16   拔模特征的"拉伸"属性管理器及其拉伸图形

4．薄壁特征拉伸：在拉伸形成特征时，SolidWorks 提供了拉伸为薄壁特征的功能。如果选中"拉伸"属性管理器中的"薄壁特征"复选框，可以拉伸为薄壁特征，否则拉伸为实体特征。薄壁特征基体通常用作钣金零件的基础。

图 3-17 所示为薄壁特征复选栏及其拉伸图形。

图 3-17   薄壁特征复选栏及其拉伸图形

3.3 拉伸切除特征

拉伸切除特征是 SolidWorks 中最基础的特征之一，也是最常用的特征建模工具。拉伸切除是在给定的基体上，按照设计需要进行拉伸切除。

如图 3-18 所示为"切除-拉伸"属性管理器，从图中可以看出，其参数设置与"拉伸"属性管理器中的参数基本相同。只是增加了"反侧切除"复选框，该选项是指移除轮廓外的所有实体。

图 3-18 "切除-拉伸"属性管理器

下面介绍切除-拉伸特征的操作步骤。

1．执行命令。在草图编辑状态下，在菜单栏中选择"插入"→"切除"→"拉伸"命令，或者单击"特征"工具栏中的"拉伸切除"图标按钮 ，此时系统出现"切除-拉伸"属性管理器，如图 3-18 所示。

2．设置属性管理器。按照设计需要对"拉伸"属性管理器进行参数设置，然后单击属性管理器中的"确定"图标按钮 。

下面以图 3-19 所示为例，说明"反侧切除"复选框拉伸切除的特征效果。图 3-19a 所示为绘制的草图轮廓；图 3-19b 所示为没有选择"反侧切除"复选框的拉伸切除特征；图 3-19c 所示为选择"反侧切除"复选框的拉伸切除特征。

a）绘制的草图轮廓　　　b）未选择复选框的特征图形　　　c）选择复选框的特征图形

图 3-19 "反侧切除"复选框的拉伸切除特征

3.4 旋转特征

旋转特征命令是通过绕中心线旋转一个或多个轮廓来生成特征。旋转轴和旋转轮廓必须位于同一个草图中，旋转轴一般为中心线，旋转轮廓必须是一个封闭的草图，不能穿过旋转轴，但是可以与旋转轴接触。

旋转特征应用比较广泛，是比较常用的特征建模工具。主要应用在以下零件的建模中：

➢ 环形零件：如图 3-20 所示。
➢ 球形零件：如图 3-21 所示。
➢ 轴类零件：如图 3-22 所示。
➢ 形状规则的轮毂类零件：如图 3-23 所示。

图 3-20 环形零件　　　　图 3-21 球形零件　　　　图 3-22 轴类零件

1．旋转特征的操作步骤

（1）绘制旋转轴和旋转轮廓。在草图绘制状态下，绘制旋转轴和旋转轮廓草图。

（2）执行命令。在菜单栏中选择"插入"→"凸台/基体"→"旋转"命令，或者单击"特征"工具栏中的"旋转凸台/基体"图标按钮 ，此时系统出现"旋转"属性管理器，各栏的注释如图 3-24 所示。

（3）设置属性管理器。按照设计需要对"旋转"属性管理器中的各栏参数进行设置。

（4）确认旋转图形。单击属性管理器中的"确定"图标按钮 ，实体旋转完毕。

 注意：

1．实体旋转轮廓可以是一个或多个交叉或非交叉草图。

2．薄壁或曲面旋转特征的草图轮廓可包含多个开环的或闭环的相交轮廓。

3．当在旋转中心线内为旋转特征标注尺寸时，将生成旋转特征的半径尺寸。如果通过旋转中心线外为旋转特征标注尺寸时，将生成旋转特征的直径尺寸。

2．旋转类型：不同的旋转类型，旋转效果是不同的。SolidWorks 提供了 3 种形式的终止条件，在"旋转类型"一栏的下拉菜单中可以选用需要的旋转类型：单向、两侧对称与两个方向。

（1）单向：从草图基准面以单一方向生成旋转特征。如图 3-25 所示旋转类型为"单向"，旋转角度为 260 度时的属性管理器及其预览效果。

图 3-23　轮毂类零件　　　　　　　图 3-24　"旋转"属性管理器

（2）两侧对称：从草图基准面以顺时针和逆时针两个方向生成旋转特征，两个方向的旋转角度相同，旋转轮廓草图位于旋转角度的中央。如图 3-26 所示旋转类型为"两侧对称"，旋转角度为 260 度时的属性管理器及其预览效果。

图 3-25　旋转类型为"单向"及其预览效果　　图 3-26　旋转类型为"两侧对称"及其预览效果

（3）两个方向。从草图基准面以顺时针和逆时针两个方向生成旋转特征，两个方向旋转角度为属性管理器中设定的值。图 3-27 所示旋转类型为"两个方向"，方向 1 旋转角度为 260 度，方向 2 的旋转角度为 45 度时的属性管理器及其预览效果。

3．薄壁特征旋转：在旋转形成特征时，SolidWorks 提供了旋转为薄壁特征的功能。如果选中"旋转"属性管理器中的"薄壁特征"复选框，可以旋转为薄壁特征，否则旋转为实体特征。

薄壁特征的旋转类型与旋转特征相同，这里不再赘述，参照前面的介绍。图 3-28 所示为"旋转-薄壁"属性管理器及其旋转特征图形。

注意：

　　　　在旋转特征时，旋转轴一般为中心线，但也可以是直线或一边线。如果图中含有两条以上中心线时或者旋转轴为其他类型线时，必须指定旋转轴。

图 3-27　旋转类型为"双向"及其预览效果　　图 3-28　薄壁特征复选框及其旋转特征图形

3.5　旋转切除特征

旋转切除特征是在给定的基体上，按照设计需要进行旋转切除。旋转切除与旋转特征的基本要素、参数类型和参数含义完全相同，这里不再赘述，请参考旋转特征的相应介绍。

【例 3-1】以绘制图 3-29 所示的图形为例，说明旋转切除特征的操作步骤。

光盘\参考视频\第 3 章\例 3-1.avi

01 新建零件图，设置基准面。在左侧的"FeatureManager 设计树"中，选择"前视基准面"作为绘制图形的基准面。

02 绘制草图。在菜单栏中选择"工具"→"草图绘制实体"→"圆"命令，或者单击"草图"工具栏中的"圆"图标按钮 ⊙，以原点为圆心绘制一个圆直径为 60 的圆。

03 拉伸图形。在菜单栏中选择"插入"→"凸台/基体"→"拉伸"命令，或者单击"特征"工具栏中的"拉伸凸台/基体"图标按钮 ，将上一步绘制的草图拉伸为深度为 60 的圆柱体，结果如图 3-30 所示。

图 3-29　实例图形　　　　　　　　　　图 3-30　拉伸的图形

04 设置基准面。在左侧的"FeatureManager 设计树"中，选择"上视基准面"作为绘制图形的基准面。

05 绘制草图。在菜单栏中选择"工具"→"草图绘制实体"→"直线"命令和"中心线"命令，绘制草图并标注尺寸，结果如图 3-31 所示。

06 执行旋转切除命令。在菜单栏中选择"插入"→"切除"→"旋转"命令，或者单击"特征"工具栏中的"旋转切除"图标按钮 。

07 设置属性管理器。此时系统弹出如图 3-32 所示的"切除-旋转"属性管理器，按照图示进行设置。

图 3-31　标注的草图　　　　　　图 3-32　"切除-旋转"属性管理器

08 确认旋转切除特征。单击"切除-旋转"属性管理器中的"确定"图标按钮 ，结果如图 3-29 所示。

注意：
　　　　在使用旋转特征和旋转切除特征命令时，绘制的草图轮廓必须是封闭的。如果草图轮廓不是封闭图形，则系统会出现如图 3-33 所示的系统提示框，提示是否将草图封闭。若选择提示框中的"是"按钮，将草图封闭，生成实体特征。若选择提示框中的"否"按钮，不封闭草图，生成薄壁特征。

图 3-33　系统提示框

3.6　扫描特征

扫描特征是指通过沿着一条路径移动轮廓或者截面来生成基体、凸台与曲面。
扫描特征遵循以下规则：
对于基体或者凸台扫描特征，扫描轮廓必须是闭环的；对于曲面扫描特征轮廓可以是闭

SolidWorks 2014 中文版快速入门实例教程

环的，也可以是开环的。

路径可以为开环或闭环。

路径可以是一张草图、一条曲线或者一组模型边线中包含的一组草图曲线。

路径的起点必须位于轮廓的基准面上。

扫描特征包括 3 个基本参数，分别是扫描轮廓、扫描路径与引导线。其中扫描轮廓与扫描路径是必须的参数。

扫描方式通常有：不带引导线的扫描方式、带引导线的扫描方式与薄壁特征的扫描方式。下面通过实例说明不同类型扫描方式的操作步骤。

1．不带引导线的扫描方式。

【例 3-2】以绘制如图 3-34 所示的弹簧为例，说明不带引导线的扫描特征的操作步骤：

 光盘\参考视频\第 3 章\例 3-2.avi

01 新建零件图，设置基准面。在左侧的"FeatureManager 设计树"中，选择"前视基准面"作为绘制图形的基准面。

02 绘制草图。在菜单栏中选择"工具"→"草图绘制实体"→"圆"命令，或者单击"草图"工具栏中的"圆"图标按钮⊙，以原点为圆心绘制一个直径为 60 的圆。

03 绘制螺旋线。在菜单栏中选择"插入"→"曲线"→"螺旋线/涡状线"命令，或者单击"曲线"工具栏中的"螺旋线和涡状线"图标按钮⊗，此时系统弹出如图 3-35 所示的"螺旋线/涡状线"属性管理器。按照图示进行设置后，单击属性管理器中的"确定"图标按钮✓。

04 设置视图方向。单击"标准视图"工具栏中的"等轴测"图标◙，将视图以等轴测方向显示，结果如图 3-36 所示。

图 3-34 弹簧　　图 3-35 "螺旋线/涡状线"属性管理器　　图 3-36 等轴测视图

05 设置基准面。单击左侧的"FeatureManager 设计树"中"右视基准面"，然后单击"标准视图"工具栏中的"正视于"图标⬆，将该基准面作为绘制图形的基准面，结果如图

76

3-37 所示。

06 绘制草图。在菜单栏中选择"工具"→"草图绘制实体"→"圆"命令，或者单击"草图"工具栏中的"圆"图标按钮 ⊙，以螺旋线左上端点 1 为圆心绘制一个直径为 6 的圆。然后退出草图绘制状态。

07 设置视图方向。单击"标准视图"工具栏中的"等轴测"图标 ◈，将视图以等轴测方向显示，结果如图 3-38 所示。

08 执行扫描命令。在菜单栏中选择"插入"→"凸台/基体"→"扫描"命令，或者单击"特征"工具栏中的"扫描"图标按钮 ⨞，执行扫描命令。

09 设置属性管理器。此时系统弹出如图 3-39 所示的"扫描"属性管理器。在"轮廓"一栏中，选择图 3-38 中圆 1；在"路径"一栏中，选择生成的螺旋线 2，按照图示进行设置。

10 确认扫描特征。单击"扫描"属性管理器中的"确定"图标按钮 ✔，结果如图 3-34 所示。

2. 带引导线的扫描方式。

【例 3-3】以绘制如图 3-40 所示的葫芦为例，说明带引导线的扫描特征的操作步骤。

光盘\参考视频\第 3 章\例 3-3.avi

01 新建零件图，设置基准面。在左侧的"FeatureManager 设计树"中，选择"前视基准面"作为绘制图形的基准面。

02 绘制路径草图。在菜单栏中选择"工具"→"草图绘制实体"→"直线"命令，或者单击"草图"工具栏中的"直线"图标按钮 ＼，以原点为起点绘制一条长度为 90 的竖直直线。结果如图 3-41 所示，然后退出草图绘制状态。

图 3-37 设置的基准面　　　图 3-38 等轴测视图　　　图 3-39 "扫描"属性管理器

03 设置基准面。在左侧的"FeatureManager 设计树"中，选择"前视基准面"作为绘制图形的基准面。

04 绘制引导线草图。在菜单栏中选择"工具"→"草图绘制实体"→"样条曲线"命令，或者单击"草图"工具栏中的"样条曲线"图标按钮 ∿，绘制如图 3-42 所示的图形并标注尺寸，然后退出草图绘制状态。

05 设置基准面。在左侧的"FeatureManager 设计树"中，选择"上视基准面"作为绘制图形的基准面。

06 绘制轮廓草图。在菜单栏中选择"工具"→"草图绘制实体"→"圆"命令，或者单击"草图"工具栏中的"圆"图标按钮 ⊙，以原点为圆心绘制一个直径为 40 的圆，然后退出草图绘制状态。

07 设置视图方向。单击"标准视图"工具栏中的"等轴测"图标 ⬡，将视图以等轴测方向显示，结果如图 3-43 所示。

图 3-40　葫芦　　图 3-41　绘制路径草图　　图 3-42　绘制引导线草图　　图 3-43　绘制轮廓草图

08 执行扫描命令。在菜单栏中选择"插入"→"凸台/基体"→"扫描"命令，或者单击"特征"工具栏中的"扫描"图标按钮 ⓖ，此时系统弹出如图 3-44 所示"扫描"属性管理器。

09 设置属性管理器。在"扫描"属性管理器的"轮廓"一栏中，选择图 3-43 中圆 1；在"路径"一栏中，单击图 3-43 中的直线 2；在"引导线"一栏中，选择图 3-43 中的样条曲线 3，按照图示进行设置。

10 确认扫描特征。单击"扫描"属性管理器中的"确定"图标按钮 ✔，扫描特征完毕，结果如图 3-40 所示。

3．薄壁特征的扫描方式。以绘制如图 3-45 所示的薄壁葫芦为例，说明带薄壁扫描特征的操作步骤。操作步骤与"带引导线的扫描方式"基本相同，只是最后一步中的"扫描"属性管理器的设置不同，在属性管理器中选择了"薄壁特征"复选栏。"扫描-薄壁"属性管理器的设置如图 3-46 所示。

3.7　放样特征

放样特征是通过两个或者多个轮廓按一定顺序过渡生成实体征。放样可以是基体、凸台、切除或曲面。在生成放样特征时，可以使用两个或多个轮廓生成放样，仅第一个或最后一个轮廓可以是点，也可以这两个轮廓均为点。对于实体放样，第一个和最后一个轮廓必须是由分割线生成的模型面或面、或是平面轮廓或曲面。

放样特征与扫描特征不同的是放样特征不需要有路径就可以生成实体。

放样特征遵循以下规则：

图 3-44 "扫描"属性管理器   图 3-45 薄壁葫芦   图 3-46 "扫描-薄壁"属性管理器

> 创建放样特征，至少需要两个以上的轮廓。放样时，对应的点不同，产生的效果也不同。如果要创建实体特征，轮廓必须是闭合的。
> 创建放样特征时，引导线可有可无。需要引导线时，引导线必须与轮廓接触。加入引导线的目的，是为了控制轮廓根据引导线的变化，有效地控制模型的外形。

放样特征包括两个基本参数，分别是轮廓与引导线。下面通过实例说明不同类型的放样方式。

1. 不带引导线的放样方式。

【例 3-4】以绘制如图 3-47 所示的锥体为例，说明不带引导线的放样特征的操作步骤。

光盘\参考视频\第 3 章\例 3-4.avi

01 新建零件图，设置基准面。在左侧的"FeatureManager 设计树"中，选择"上视基准面"作为绘制图形的基准面。

02 绘制草图。在菜单栏中选择"工具"→"草图绘制实体"→"圆"命令，或者单击"草图"工具栏中的"圆"图标按钮 ⊙，以原点为圆心绘制一个圆直径为 60 的圆。结果如图 3-48 所示，然后退出草图绘制状态。

03 设置视图方向。单击"标准视图"工具栏中的"等轴测"图标 ▣，将视图以等轴测方向显示。

04 添加基准面。在左侧的"FeatureManager 设计树"中，选择"上视基准面"，然后在菜单栏中选择"插入"→"参考几何体"→"基准面"命令，或者单击"特征"工具栏中的"基准面"图标按钮 ◈，此时系统弹出如图 3-49 所示的"基准面"属性管理器。在"等距距离"一栏中输入值 40mm，单击属性管理器中的"确定"图标按钮 ✅。添加一个新的基准面，结果如图 3-50 所示。

05 设置基准面。单击上一步添加的基准面，然后单击"标准视图"工具栏中的"正视于"图标 ⚓，将该基准面作为绘制图形的基准面。

06 绘制草图。在菜单栏中选择"工具"→"草图绘制实体"→"圆"命令，或者单击"草图"工具栏中的"圆"图标按钮 ⊙，以原点为圆心绘制一个直径为 30 的圆，然后退出草图绘制状态。

07 设置视图方向。单击"标准视图"工具栏中的"等轴测"图标 ⬡，将视图以等轴测方向显示，结果如图 3-51 所示。

图 3-47 锥体   图 3-48 标注的圆   图 3-49 "基准面"属性管理器

08 执行放样命令。在菜单栏中选择"插入"→"凸台/基体"→"放样"命令，或者单击"特征"工具栏中的"放样"图标按钮 ▯，执行放样命令。

09 设置属性管理器。此时系统弹出如图 3-52 所示的"放样"属性管理器。在"轮廓"一栏中，单击依次选择图 3-51 中圆 1 和圆 2，按照图示进行设置。

图 3-50 添加的基准面   图 3-51 等轴测视图   图 3-52 "放样"属性管理器

10 确认放样特征。单击"放样"属性管理器中的"确定"图标按钮，结果如图 3-47 所示。

2. 带引导线的放样方式。

【例 3-5】以绘制如图 3-53 所示的弯状物为例，说明带引导线的放样特征的操作步骤。

光盘\参考视频\第 3 章\例 3-5.avi

01 新建零件图，设置基准面。在左侧的"FeatureManager 设计树"中，选择"上视基准面"作为绘制图形的基准面。

02 绘制草图。在菜单栏中选择"工具"→"草图绘制实体"→"圆"命令，或者单击"草图"工具栏中的"圆"图标按钮⊙，以原点为圆心绘制一个直径为 30 的圆。结果如图 3-54 所示，然后退出草图绘制状态。

03 设置视图方向。单击"标准视图"工具栏中的"等轴测"图标，将视图以等轴测方向显示。

04 添加基准面。在左侧的"FeatureManager 设计树"中，选择"右视基准面"，然后在菜单栏中选择"插入"→"参考几何体"→"基准面"命令，或者单击"特征"工具栏中的"基准面"图标按钮，此时系统弹出如图 3-55 所示的"基准面"属性管理器。在"等距距离"一栏中输入值 60mm，单击属性管理器中的"确定"图标按钮。添加一个新的基准面，结果如图 3-56 所示。

图 3-53 弯状物　　　图 3-54 绘制的草图　　　图 3-55 "基准面"属性管理器

05 设置基准面。单击上一步添加的基准面，然后单击"标准视图"工具栏中的"正视于"图标，将该基准面作为绘制图形的基准面。

06 绘制草图。在菜单栏中选择"工具"→"草图绘制实体"→"圆"命令，或者单击"草图"工具栏中的"圆"图标按钮⊙，在原点的正上方绘制一个直径为 30 的圆，并标注尺寸，结果如图 3-57 所示，然后退出草图绘制状态。

07 设置基准面。在左侧的"FeatureManager 设计树"中选择"前视基准面"作为绘制图形的基准面。

08 绘制草图。在菜单栏中选择"工具"→"草图绘制实体"→"直线"命令，或者单击"草图"工具栏中的"直线"图标按钮 ，绘制如图 3-58 所示的直线，并标注尺寸。

图 3-56　添加的基准面　　　　　图 3-57　绘制的草图　　　图 3-58　绘制的草图

09 圆角草图。在菜单栏中选择"工具"→"草图绘制工具"→"圆角"命令，或者单击"草图"工具栏中的"绘制圆角"图标按钮 ，将两直线的交点处圆角为半径为 30 的圆角，结果如图 3-59 所示，然后退出草图绘制状态。

10 设置视图方向。单击"标准视图"工具栏中的"等轴测"图标 ，将视图以等轴测方向显示，结果如图 3-60 所示。

图 3-59　绘制的圆角草图　　　　　　图 3-60　　等轴测视图

11 执行放样命令。在菜单栏中选择"插入"→"凸台/基体"→"放样"命令，或者单击"特征"工具栏中的"放样"图标按钮 ，执行放样命令，系统弹出如图 3-61 所示的"放样"属性管理器。

12 设置属性管理器。在"轮廓"一栏中，依次选择如图 3-60 所示圆 1 和圆 2；在"引导线"一栏中，选择如图 3-60 所示的草图 3，按照图示进行设置。

13 确认放样特征。单击"放样"属性管理器中的"确定"图标按钮 ，结果如图 3-63 所示。

3．薄壁特征的放样方式。以绘制如图 3-62 所示的薄壁弯状物为例，说明带薄壁放样特征的操作步骤。操作步骤与"带引导线的放样方式"基本相同，只是最后一步中的"放样"属性管理器的设置不同，在属性管理器中选择了"薄壁"复选栏。"放样-薄壁"属性管理器设置如图 3-63 所示。

注意：　在使用 3 个以上轮廓进行放样时，轮廓必须顺序选取，不能间隔选取，否则结果会和预期的效果不一样。

图 3-61　"放样"属性管理器　　图 3-62　薄壁弯状物　　图 3-63　"薄壁"属性管理器

3.8　圆角特征

圆角特征用于在零件上生成一个内圆角或外圆角面。可以为一个面的所有边线、所选的多组面、所选的边线或边线环生成圆角。

圆角主要有几下几种类型：
- 等半径圆角。
- 多半径圆角。
- 圆形角圆角。
- 逆转圆角。
- 变半径圆角。
- 面圆角。
- 完整圆角。

生成圆角特征遵循以下规则：
- 在添加小圆角之前添加较大圆角。当有多个圆角会聚于一个顶点时，先生成较大的圆角。
- 在生成圆角前先添加拔模。如果要生成具有多个圆角边线及拔模面的铸模零件，在大多数的情况下，应在添加圆角之前添加拔模特征。
- 最后添加装饰用的圆角。在大多数其他几何体定位后再添加装饰圆角。如果先添加装饰圆角，则系统需要花费比较长的时间重建零件。

➢ 尽量使用一个单一圆角操作来处理需要相同半径圆角的多条边线,这样可以加快零件重建的速度。

下面通过实例介绍不同圆角类型的操作步骤。

1. 等半径圆角用于生成具有相等半径的圆角,可以用于单一边线圆角、多边线圆角、面边线圆角、多重半径圆角及沿切面进行圆角等。

【例 3-6】以如图 3-64 所示的正方体模型为例介绍等半径圆角的操作步骤,正方体的边长为 60。

光盘\参考视频\第 3 章\例 3-6.avi

01 新建正方体零件,执行圆角命令。在菜单栏中选择"插入"→"特征"→"圆角"命令,或者单击"特征"工具栏中的"圆角"图标按钮 ,执行圆角命令。

02 设置属性管理器。此时系统弹出如图 3-65 所示的"圆角"属性管理器。按照图示进行设置后,选择图 3-64 中的边线 1 和边线 2。

图 3-64 正方体模型

图 3-65 "圆角"属性管理器

03 确认圆角特征。单击"圆角"属性管理器中的"确定"图标按钮 ,结果如图 3-66 所示。

重复圆角命令,继续将如图 3-64 所示中的边线 3 进行圆角。如图 3-67 所示为"圆角"属性管理器中的"圆角项目"一栏的设置,选中"切线延伸"复选框,圆角结果如图 3-68 所示。图 3-69 所示为"圆角"属性管理器中的"圆角项目"一栏的设置,取消"切线延伸"复选框,圆角结果如图 3-70 所示。

从图 3-68 和图 3-70 所示可以看出,是否选择"切线延伸"复选框,圆角的结果是不同的。切线延伸用于将圆角延伸到所有与所选面相切的面。

图 3-66　圆角的图形

图 3-67　"圆角项目"设置

图 3-68　圆角的图形

图 3-69　"圆角项目"设置

图 3-70　圆角的图形

2．多半径圆角用于生成不同半径值的圆角。进行多半径操作时，必须选取"圆角项目"一栏中的"多半径圆角"复选框。

【例 3-7】以如图 3-64 所示的正方体模型为例介绍多半径圆角的操作步骤，正方体的长度为 60。

光盘\参考视频\第 3 章\例 3-7.avi

01 新建正方体零件，执行圆角命令。在菜单栏中选择"插入"→"特征"→"圆角"命令，或者单击"特征"工具栏中的"圆角"图标按钮，执行圆角命令。

02 设置属性管理器。此时系统弹出"圆角"属性管理器。在"圆角类型"一栏中，选取"等半径"复选框；在"圆角项目"一栏中的"多半径圆角"复选框，按照如图 3-71 所示进行设置。

03 选择圆角边线。选取图 3-64 中的边线 1，在"半径"一栏中输入值 10mm；选取图 3-64 中的边线 2，在"半径"一栏中输入值 20mm；选取图 3-64 中的边线 3，在"半径"一栏中输入值 30mm。此时图形预览效果如图 3-72 所示。

04 确认圆角特征。单击"圆角"属性管理器中的"确定"图标按钮，结果如图 3-73 所示。

3．圆形角圆角用于消除圆角边线汇合处的尖锐结合点，生成平滑过渡的圆角方式。

【例 3-8】以实例说明圆形角绘制步骤以及有无"圆形角"选项绘制图形的差别。

图 3-71　"圆角"属性管理器　　　　图 3-72　预览图形效果

光盘\参考视频\第 3 章\例 3-8.avi

01 新建零件图，设置基准面。在左侧的"FeatureManager 设计树"中，选择"上视基准面"作为绘制图形的基准面。

02 绘制草图。在菜单栏中选择"工具"→"草图绘制实体"→"矩形"命令，或者单击"草图"工具栏中的"边角矩形"图标按钮 □，以原点为一角点绘制一个边长为 60 的正方形，结果如图 3-74 所示。

03 拉伸实体。在菜单栏中选择"插入"→"凸台/基体"→"拉伸"命令，或者单击"特征"工具栏中的"拉伸凸台/基体"图标按钮 ，将上一步绘制的草图拉伸为"深度"为 30 的实体，结果如图 3-75 所示。

04 设置基准面。选择图 3-75 中的表面 1，然后单击"标准视图"工具栏中的"正视于"图标 ，将该表面作为绘制图形的基准面。

图 3-73　圆角的图形　　　　图 3-74　绘制的草图　　　　图 3-75　拉伸的图形

05 绘制草图。在菜单栏中选择"工具"→"草图绘制实体"→"矩形"命令，或者单击"草图"工具栏中的"边角矩形"图标按钮 □，在上一步设置的基准面上绘制一个矩形并标注尺寸，结果如图 3-76 所示。

06 拉伸实体。在菜单栏中选择"插入"→"凸台/基体"→"拉伸"命令，或者单击"特征"工具栏中的"拉伸凸台/基体"图标按钮 📎，将上一步绘制的草图拉伸为"深度"为 20 的实体。

07 设置视图方向。单击"标准视图"工具栏中的"等轴测"图标 📦，将视图以等轴测方向显示，结果如图 3-77 所示。

08 执行圆角命令。在菜单栏中选择"插入"→"特征"→"圆角"命令，或者单击"特征"工具栏中的"圆角"图标按钮 📦，此时系统弹出"圆角"属性管理器。

09 设置属性管理器。在"圆角类型"一栏中，选择"等半径"复选框；在"半径"一栏中输入值 10mm；在"圆角选项"一栏中，不选取"圆形角"复选框，选择图 3-77 中的表面 1，设置如图 3-78 所示

图 3-76　绘制的草图　　　　图 3-77　拉伸的图形　　　图 3-78　"圆角选项"复选框

10 确认圆角特征。单击"圆角"属性管理器中的"确定"图标按钮 ✔，结果如图 3-79 所示。

11 删除上面步骤创建的圆角，再次执行圆形角圆角命令。在菜单栏中选择"插入"→"特征"→"圆角"命令，或者单击"特征"工具栏中的"圆角"图标按钮 📦，此时系统弹出"圆角"属性管理器。

12 设置属性管理器。在"半径"一栏中输入值 10mm；在"圆角选项"一栏中，选取"圆形角"复选框，选择图 3-77 中的表面 1，设置如图 3-80 所示。

13 确认圆角特征。单击"圆角"属性管理器中的"确定"图标按钮 ✔，结果如图 3-81 所示。

图 3-79　圆角的图形　　图 3-80　"圆角选项"复选框　　图 3-81　圆角的图形

对图 3-79 和图 3-81 进行对比可以看出，同样的圆角命令操作，由于图 3-81 采用了"圆形角"圆角方式，避免了尖锐点的出现，采用了平滑过渡方式。

4. 逆转圆角。对具用公共顶点的边线进行圆角操作时，在该顶点附加会形成一个过渡的曲面，如果希望该曲面和其他相邻的面采用平滑的过渡方式，则需要采用"逆转圆角"方式。

【例 3-9】以实例说明逆转圆角的操作步骤。

光盘\参考视频\第 3 章\例 3-9.avi

01 新建零件图，设置基准面。在左侧的"FeatureManager 设计树"中，选择"上视基准面"作为绘制图形的基准面。

02 绘制草图。在菜单栏中选择"工具"→"草图绘制实体"→"矩形"命令，或者单击"草图"工具栏中的"边角矩形"图标按钮 □，以原点为一角点绘制一个边长为 60 的正方形，结果如图 3-82 所示。

03 拉伸实体。在菜单栏中选择"插入"→"凸台/基体"→"拉伸"命令，或者单击"特征"工具栏中的"拉伸凸台/基体"图标按钮 ，将上一步绘制的草图拉伸为"深度"为 60 的实体，结果如图 3-83 所示。

04 执行圆角命令。在菜单栏中选择"插入"→"特征"→"圆角"命令，或者单击"特征"工具栏中的"圆角"图标按钮 ，此时系统弹出"圆角"属性管理器。

05 设置半径及边线。在"圆角类型"一栏中，选择"等半径"复选框；在"半径"一栏中输入值 10mm。选择图 3-83 中的边线 1、边线 2 与边线 3。

06 设置逆转距离。单击"逆转参数"复选栏的下拉箭头将其展开，在"逆转顶点"一栏中，选取图 3-83 中的顶点 A，此时与顶点相交的 3 条边线出现在"逆转距离"一栏中。在"逆转距离"一栏中选择边线 1，并在"距离"一栏中输入值 10mm。同样地，将边线 2 的逆转距离设置为 20mm，将边线 3 的逆转距离设置为 30mm。此时"逆转参数"复选栏如图 3-84 所示，图形预览效果如图 3-85 所示。

图 3-82　绘制的草图　　　图 3-83　拉伸的图形　　　图 3-84　"逆转参数"复选框

07 确认圆角特征。单击"圆角"属性管理器中的"确定"图标按钮 。圆角的图形如图 3-86 所示。

5. 变半径圆角用于在同一条边线上生成变半径数值的圆角，变半径圆角通过为待处理边线上指定控制点并为每个控制点指定不同的半径来实现。

图 3-85 预览图形效果

图 3-86 圆角的图形

使用控制点需要注意以下事项：

➢ 可以给每个控制点指定一个半径值，或者给一个或两个闭合顶点指定数值。

➢ 系统默认使用 3 个控制点，分别位于沿边线 25%、50%及 75% 的等距离增量处。

➢ 可以通过两种方式来改变控制点的位置，第一种为在标注中更改控制点的百分比；第二种为选中控制点将之拖动到新的位置。

➢ 可以在进行圆角处理的边线上添加或删减控制点。

【例 3-10】以实例说明变半径圆角的操作步骤。

光盘\参考视频\第 3 章\例 3-10.avi

01 新建零件图，设置基准面。在左侧的"FeatureManager 设计树"中，选择"上视基准面"作为绘制图形的基准面。

02 绘制草图。在菜单栏中选择"工具"→"草图绘制实体"→"矩形"命令，或者单击"草图"工具栏中的"边角矩形"图标按钮 □，以原点为一角点绘制一个边长为 60 的正方形，结果如图 3-87 所示。

03 拉伸实体。在菜单栏中选择"插入"→"凸台/基体"→"拉伸"命令，或者单击"特征"工具栏中的"拉伸凸台/基体"图标按钮，将上一步绘制的草图拉伸为"深度"为 60 的实体，结果如图 3-88 所示。

04 执行圆角命令。在菜单栏中选择"插入"→"特征"→"圆角"命令，或者单击"特征"工具栏中的"圆角"图标按钮，此时系统弹出"圆角"属性管理器。

05 设置圆角类型。在"圆角类型"一栏中，选择"变半径"复选框；在"边线、面、特征和环"一栏中，选择如图 3-88 所示中的边线 1。此时顶点列举在"附加半径"一栏中，"实例数"为系统默认的 3，位置位于边线的 25%、50%及 75%处，如图 3-89 所示。

06 设置属性管理器圆角半径值。单击属性管理器中"附加的半径"一栏中的 V1,然后在"半径"一栏中输入半径值 10mm。重复此命令，将 V2 点处设置半径值为 30mm。

07 设置视图中圆角半径值。单击图中的左边的 P1 点，将其半径设置为 30mm。重复此命令，将 P2 点处设置半径值为 20mm，将 P2 点处设置半径值为 10mm，如图 3-90 所示。在变半径的过程中，要注意"附加的半径"一栏相应的变化。

08 确认圆角特征。单击"圆角"属性管理器中的"确定"图标按钮，结果如图 3-91 所示。

图 3-87　绘制的草图

图 3-88　圆角的图形

图 3-89　"圆角"属性管理器

图 3-90　设置变半径圆角预览效果

注意：
　　可以通过选择某一控制点并按 Ctrl 键，拖动光标在一新位置添加一个控制点；可以通过右键弹出的快捷菜单，从中选择"删除"选项来移除某一特定控制点。图 3-92 所示为添加控制点并移动控制点位置后的预览效果图。

6．面圆角用于对非相邻和非连续的两组面进行圆角。
【例 3-11】以绘制如图 3-93 所示图形为实例说明面圆角的操作步骤。

光盘\参考视频\第 3 章\例 3-11.avi

01 新建零件图，设置基准面。在左侧的"FeatureManager 设计树"中，选择"前视基准面"作为绘制图形的基准面。

02 绘制草图。在菜单栏中选择"工具"→"草图绘制实体"→"直线"命令，或者单击"草图"工具栏中的"直线"图标按钮＼，绘制如图 3-94 所示的图形并标注尺寸。

03 拉伸实体。在菜单栏中选择"插入"→"凸台/基体"→"拉伸"命令，或者单击"特征"工具栏中的"拉伸凸台/基体"图标按钮 ，将上一步绘制的草图拉伸为"深度"为 60 的实体。

04 设置视图方向。单击"标准视图"工具栏中的"旋转视图"图标 ，将视图以合适的方向显示，结果如图 3-95 所示。

图 3-91 圆角的图形

图 3-92 圆角预览效果

图 3-93 圆角后的图形

图 3-94 绘制的草图

图 3-95 拉伸的图形

05 执行圆角命令。在菜单栏中选择"插入"→"特征"→"圆角"命令，或者单击"特征"工具栏中的"圆角"图标按钮 🖰，此时系统弹出"圆角"属性管理器。

06 设置属性管理器。在"圆角类型"一栏中，选择"面圆角"复选框；在"圆角项目"的"面组 1"一栏中，选择图 3-95 中的面 1；在"圆角项目"的"面组 2"一栏中，选择图 3-95 中的面 2；在"圆角项目"的"半径"一栏中输入值 20mm，其他设置如图 3-96 所示。

07 确认圆角特征。单击"圆角"属性管理器中的"确定"图标按钮 ✓，结果如图 3-93 所示。

注意：

　　如果为面组 1 或面组 2 选择一个以上面，则每组面必须平滑连接以使面圆角延伸到所有面。

　　7. 完整圆角用于生成相切于 3 个相邻面组的圆角，中央面将被圆角替代，中央面圆角的半径取决与设置的圆弧的半径。

　　【例 3-12】以绘制如图 3-100 所示图形为例，说明完整圆角的操作步骤。

光盘\参考视频\第 3 章\例 3-12.avi

01 新建零件图，设置基准面。在左侧的"FeatureManager 设计树"中，选择"前视基准面"作为绘制图形的基准面。

02 绘制草图。在菜单栏中选择"工具"→"草图绘制实体"→"矩形"命令，或者单击"草图"工具栏中的"边角矩形"图标按钮 ☐，以原点为一角点绘制一个矩形并标注尺寸，结果如图 3-97 所示。

图 3-96 "圆角"属性管理器   图 3-97 绘制的草图

03 拉伸实体。在菜单栏中选择"插入"→"凸台/基体"→"拉伸"命令，或者单击"特征"工具栏中的"拉伸凸台/基体"图标按钮 ，将上一步绘制的草图拉伸为"深度"为 30 的实体。

04 设置视图方向。单击"标准视图"工具栏中的"等轴测"图标 ，将视图以等轴测方向显示，结果如图 3-98 所示。

05 执行圆角命令。在菜单栏中选择"插入"→"特征"→"圆角"命令，或者单击"特征"工具栏中的"圆角"图标按钮 ，此时系统弹出"圆角"属性管理器。

06 设置属性管理器。在"圆角类型"一栏中，选择"完整圆角"复选框；在"圆角项目"的"边侧面组 1"一栏中，选择图 3-98 中的面 1；在"圆角项目"的"中央面组"一栏中，选择图 3-98 中的面 2；在"圆角项目"的"边侧面组 1"一栏中，选择图 3-98 中的与面 1 对应的背面，其他设置如图 3-99 所示。

图 3-98 拉伸的图形   图 3-99 "圆角"属性管理器   图 3-100 圆角后的图形

07 确认圆角特征。单击"圆角"属性管理器中的"确定"图标按钮✅，结果如图 3-100 所示。

3.9 倒角特征

倒角特征是在所选的边线、面或顶点上生成一倾斜面。

倒角特征在设计中是一种工艺设计，为了去除锐边。倒角主要有以下 3 种类型：

➢　角度距离。

➢　距离－距离。

➢　顶点。

下面通过实例介绍不同倒角类型的操作步骤。

1."角度距离"倒角是指通过设置倒角一边的距离和角度来对边线和面进行倒角。在绘制倒角的过程中，箭头所指的方向为倒角的距离边。

【例 3-13】以绘制如图 3-100 所示图形为例，说明"角度距离"倒角的操作步骤：

光盘\参考视频\第 3 章\例 3-13.avi

01 新建零件图，设置基准面。在左侧的"FeatureManager 设计树"中，选择"前视基准面"作为绘制图形的基准面。

02 绘制草图。在菜单栏中选择"工具"→"草图绘制实体"→"矩形"命令，或者单击"草图"工具栏中的"边角矩形"图标按钮□，以原点为一角点绘制一个矩形并标注尺寸，结果如图 3-101 所示。

03 拉伸实体。在菜单栏中选择"插入"→"凸台/基体"→"拉伸"命令，或者单击"特征"工具栏中的"拉伸凸台/基体"图标按钮📇，将上一步绘制的草图拉伸为"深度"为 30 的实体。

04 设置视图方向。单击"标准视图"工具栏中的"等轴测"图标📦，将视图以等轴测方向显示，结果如图 3-102 所示。

05 执行倒角命令。在菜单栏中选择"插入"→"特征"→"倒角"命令，或者单击"特征"工具栏中的"倒角"图标按钮🔲，此时系统弹出"倒角"属性管理器。

06 设置属性管理器。在"边线和面或者顶点"一栏中，选择图 3-102 中的边线 1；选择"角度距离"复选框；在"距离"一栏中输入 10mm；在"角度"一栏中输入 45 度，其他设置如图 3-103 所示。

07 确认倒角特征。单击"倒角"属性管理器中的"确定"图标按钮✅，结果如图 3-104 所示。

2."距离－距离"倒角是指通过设置倒角两侧距离的长度，或者通过"相等距离"复选框指定一个距离值进行倒角的方式。

【例 3-14】打开文件。打开随书光盘中源文件/第 3 章/矩形.SLDPRT 文件。以绘制如图

SolidWorks 2014 中文版快速入门实例教程

3-102 所示的边线 1 的倒角为例说明"距离－距离"倒角的操作步骤。

光盘\参考视频\第 3 章\例 3-14.avi

图 3-101　绘制的草图　　　　图 3-102　拉伸的图形　　　　图 3-103　"倒角"属性管理器

01 执行倒角命令。在菜单栏中选择"插入"→"特征"→"倒角"命令，或者单击"特征"工具栏中的"倒角"图标按钮 ，此时系统弹出"倒角"属性管理器。

02 设置属性管理器。在"边线和面或者顶点"一栏中，选择图 3-102 中的边线 1；选择"距离－距离"复选框；在"距离 1"一栏中输入 10mm；在"距离 2"一栏中输入 20mm，其他设置如图 3-105 所示。

03 确认倒角特征。单击"倒角"属性管理器中的"确定"图标按钮 ，结果如图 3-106 所示。

图 3-104　倒角的图形　　　　图 3-105　"倒角"属性管理器　　　　图 3-106　倒角的图形

如果使用"相等距离"复选框，则倒角两边的距离相等，并且在"倒角"属性管理器中只需输入一个距离值，如图 3-105 所示。图 3-108 所示为按照图 3-107 的"倒角"属性管理器进行设置的倒角图形。

3."顶点"倒角是指通过设置每侧的 3 个距离值，或者通过"相等距离"复选框指定一个距离值进行倒角的方式。

【例 3-15】打开文件。打开随书光盘中源文件/第 3 章/矩形.SLDPRT 文件。以绘制图 3-102 的顶点 A 的倒角为例，说明"顶点"倒角的操作步骤。

光盘\参考视频\第 3 章\例 3-15.avi

01 执行倒角命令。在菜单栏中选择"插入"→"特征"→"倒角"命令，或者单击"特征"工具栏中的"倒角"图标按钮 ，此时系统弹出"倒角"属性管理器。

02 设置属性管理器。在"边线和面或者顶点"一栏中，选择图 3-102 中的顶点 A；选择"顶点"复选框；在"距离 1"一栏中输入值 10mm；在"距离 2"一栏中输入值 20mm；在"距离 3"一栏中输入值 30mm。其他设置如图 3-109 所示。

图 3-107 　"倒角"属性管理器　　　　图 3-108 　倒角的图形　　　　图 3-109 　"倒角"属性管理器

03 确认倒角特征。单击"倒角"属性管理器中的"确定"图标按钮 ，结果如图 3-110 所示。

如果使用"相等距离"复选框，则倒角两边的距离相等，并且在"倒角"属性管理器中只需输入一个距离值，如图 3-111 所示。图 3-112 所示为按照图 3-111 所示的"倒角"属性管理器进行设置的倒角图形。

3.10 拔模特征

拔模特征是以指定的角度斜削模型中所选的面。拔模特征是模具设计中常采用的方式，其应用之一可使型腔零件更容易脱出模具。可以在现有的零件上插入拔模，或者在拉伸特征时进行拔模，也可以将拔模应用到实体或曲面模型。

图 3-110　倒角的图形　　　图 3-111　"倒角"属性管理器　　　图 3-112　倒角的图形

拔模主要有以下 3 种类型：

➢　中性面拔模。

➢　分型线拔模。

➢　阶梯拔模。

下面通过实例介绍不同拔模类型的操作步骤。

　　1. 在中性面拔模中，中性面不仅是确定拔模的方向，而且也是作为拔模的参考基准。使用中性面拔模可拔模一些外部面、所有外部面、一些内部面、所有内部面、相切的面或者内部和外部面组合。

【例 3-16】下面通过实例介绍中性面拔模的操作步骤。

光盘\参考视频\第 3 章\例 3-16.avi

01　新建零件图，设置基准面。在左侧的"FeatureManager 设计树"中，选择"前视基准面"作为绘制图形的基准面。

02　绘制草图。在菜单栏中选择"工具"→"草图绘制实体"→"矩形"命令，或者单击"草图"工具栏中的"边角矩形"图标按钮 □，以原点为一角点绘制一个矩形并标注尺寸，结果如图 3-113 所示。

03　拉伸实体。在菜单栏中选择"插入"→"凸台/基体"→"拉伸"命令，或者单击"特征"工具栏中的"拉伸凸台/基体"图标按钮 ，将上一步绘制的草图拉伸为"深度"为 60 的实体。

04　设置视图方向。单击"标准视图"工具栏中的"等轴测"图标 ，将视图以等轴测方向显示，结果如图 3-114 所示。

05 执行拔模命令。在菜单栏中选择"插入"→"特征"→"拔模"命令，或者单击"特征"工具栏中的"拔模"图标按钮，此时系统弹出如图 3-115 所示的"拔模"属性管理器。

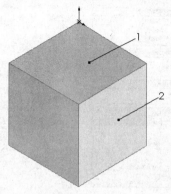

图 3-113　绘制的草图　　　　　　　　图 3-114　拉伸的图形

06 设置属性管理器。在"拔模类型"一栏的下拉菜单中，"中性面"选项；在"拔模角度"一栏中输入值 30 度；在"中性面"一栏中，选择图 3-114 中的面 1；在"拔模面"一栏中，选择图 3-114 中的面 2。

07 确认拔模特征。单击"拔模"属性管理器中的"确定"图标按钮，结果如图 3-116 所示。

2．分型线拔模可以对分型线周围的曲面进行拔模，分型线可以是空间曲线。如果要在分型线上拔模，可以首先插入一条分割线来分离要拔模的面，也可以使用现有的模型边线，然后再指定拔模方向，也就是指定移除材料的分型线一侧。

【例 3-17】下面通过实例介绍分型线拔模的操作步骤。

光盘\参考视频\第 3 章\例 3-17.avi

01 新建零件图，设置基准面。在左侧的"FeatureManager 设计树"中，选择"前视基准面"作为绘制图形的基准面。

02 绘制草图。在菜单栏中选择"工具"→"草图绘制实体"→"矩形"命令，或者单击"草图"工具栏中的"边角矩形"图标按钮□，以原点为一角点绘制一个矩形并标注尺寸，结果如图 3-117 所示。

03 拉伸实体。在菜单栏中选择"插入"→"凸台/基体"→"拉伸"命令，或者单击"特征"工具栏中的"拉伸凸台/基体"图标按钮，将上一步绘制的草图拉伸为"深度"为 60 的实体，结果如图 3-118 所示。

04 设置基准面。选择图 3-118 中的表面 1，然后单击"标准视图"工具栏中的"正视于"图标，将该表面作为绘制图形的基准面。

05 绘制草图。在菜单栏中选择"工具"→"草图绘制实体"→"矩形"命令，或者单击"草图"工具栏中的"边角矩形"图标按钮□，在上一步设置的基准面上绘制一个矩形并标注尺寸,结果如图 3-119 所示。

图 3-115　"拔模"属性管理器　　　图 3-116　拔模的图形　　　图 3-117　绘制的草图

06 拉伸实体。在菜单栏中选择"插入"→"凸台/基体"→"拉伸"命令,或者单击"特征"工具栏中的"拉伸凸台/基体"图标按钮，将上一步绘制的草图拉伸为"深度"为 60 的实体。

07 设置视图方向。单击"标准视图"工具栏中的"等轴测"图标，将视图以等轴测方向显示,结果如图 3-120 所示。

图 3-118　拉伸的图形　　　　图 3-119　拉伸的图形　　　　图 3-120　绘制的草图

08 执行拔模命令。在菜单栏中选择"插入"→"特征"→"拔模"命令,或者单击"特征"工具栏中的"拔模"图标按钮，此时系统弹出如图 3-121 所示的"拔模"属性管理器。

09 设置属性管理器。在"拔模类型"一栏的下拉菜单中,选择"分型线"选项;在"拔模角度"一栏中输入值 10 度;在"拔模方向"一栏中,选择图 3-120 中的面 1;在"分型线"一栏中,选择图 3-120 中两实体相交的 4 条边线。

10 确认拔模特征。单击"拔模"属性管理器中的"确定"图标按钮，结果如图 3-122 所示。

3．阶梯拔模为分型线拔模的变体。阶梯拔模绕作为拔模方向的基准面旋转而生成一个面,这将产生小面,代表阶梯。

图 3-121 "拔模"属性管理器   图 3-122 拔模的图形

【例 3-18】下面通过实例介绍阶梯拔模的操作步骤。

光盘\参考视频\第 3 章\例 3-18.avi

01 重复分型线拔模的步骤，绘制如图 3-120 所示的图形。

02 执行拔模命令。在菜单栏中选择"插入"→"特征"→"拔模"命令，或者单击"特征"工具栏中的"拔模"图标按钮，此时系统弹出如图 3-123 所示的"拔模"属性管理器。

03 设置属性管理器。在"拔模类型"一栏的下拉菜单中，选择"阶梯拔模"选项；在"拔模角度"一栏中输入值 10 度；在"拔模方向"一栏中，选择图 3-120 中的面 1，并单击"反向"按钮图形，使拔模方向指向内侧；在"分型线"一栏中，选择图 3-120 中两实体相交的 4 条边线。

04 确认拔模特征。单击"拔模"属性管理器中的"确定"图标按钮，结果如图 3-124 所示。

图 3-123 "拔模"属性管理器   图 3-124 拔模的图形

3.11 抽壳特征

抽壳特征用来掏空零件，使所选择的面敞开，在剩余的面上生成薄壁特征。如果执行抽壳命令时没有选择模型上的任何面，可以生成一闭合、掏空的实体模型，也可使用多个厚度来抽壳模型。抽壳主要有以下 3 种类型：

➢ 去除模型面抽壳。
➢ 空心闭合抽壳。
➢ 多厚度抽壳。

下面分别介绍不同抽壳类型的操作步骤。

 注意：

如果要对模型面进行圆角，应在生成抽壳之前进行圆角处理。

1. 去除模型面抽壳是指执行抽壳命令时，将所选择的模型面去除并生成薄壁特征。

【例 3-19】下面通过实例介绍该抽壳类型的操作步骤。

 光盘\参考视频\第 3 章\例 3-19.avi

01 新建零件图，设置基准面。在左侧的"FeatureManager 设计树"中，选择"前视基准面"作为绘制图形的基准面。

02 绘制草图。在菜单栏中选择"工具"→"草图绘制实体"→"矩形"命令，或者单击"草图"工具栏中的"边角矩形"图标按钮 ▢，以原点为一角点绘制一个矩形并标注尺寸，结果如图 3-125 所示。

03 拉伸实体。在菜单栏中选择"插入"→"凸台/基体"→"拉伸"命令，或者单击"特征"工具栏中的"拉伸凸台/基体"图标按钮 ，将上一步绘制的草图拉伸为"深度"为 60 的实体。结果如图 3-126 所示。

04 执行抽壳命令。在菜单栏中选择"插入"→"特征"→"抽壳"命令，或者单击"特征"工具栏中的"抽壳"图标按钮 ，此时系统弹出如图 3-127 所示的"抽壳 1"属性管理器。

图 3-125　绘制的草图　　　　图 3-126　拉伸的图形　　　　图 3-127　"抽壳 1"属性管理器

05 设置属性管理器。在"厚度"一栏中输入 10mm；在"移除的面"一栏中，选择图 3-126 中的面 1。

06 确认抽壳特征。单击"抽壳"属性管理器中的"确定"图标按钮 ✔ ，结果如图 3-128 所示。

2．空心闭合抽壳是指执行抽壳命令时，不去除模型面而生成一个空心的薄壁实体。

【例 3-20】下面通过实例介绍该抽壳类型的操作步骤。

> 光盘\参考视频\第 3 章\例 3-20.avi

01 重复去除模型面抽壳的步骤，绘制如图 3-126 所示的图形。

02 执行抽壳命令。在菜单栏中选择"插入"→"特征"→"抽壳"命令，或者单击"特征"工具栏中的"抽壳"图标按钮 📦 ，此时系统弹出如图 3-129 所示的"抽壳"属性管理器。

03 设置属性管理器。在"厚度"一栏中输入值 10mm，不选择任何移除面，然后单击"抽壳"属性管理器中的"确定"图标按钮 ✔ ，结果如图 3-130 所示。

图 3-128　抽壳的图形　　图 3-129　"抽壳"属性管理器　　图 3-130　抽壳的图形

04 执行剖面视图命令。单击"视图"工具栏中的"剖面视图"图标 🔲 ，此时系统弹出如图 3-131 所示的"剖面视图"属性管理器。

05 设置属性管理器。按照如图 3-131 所示的"剖面视图"属性管理器进行设置。

06 确认剖面视图。单击"剖面视图"属性管理器中的"确定"图标按钮 ✔ ，结果如图 3-132 所示。

3．多厚度抽壳是指执行抽壳命令时，生成不同面具有不同厚度的薄壁实体。

【例 3-21】下面通过实例介绍该抽壳类型的操作步骤。

> 光盘\参考视频\第 3 章\例 3-21.avi

01 重复去除模型面抽壳的步骤(1)～(3)，绘制如图 3-126 所示的图形。

02 执行抽壳命令。在菜单栏中选择"插入"→"特征"→"抽壳"命令，或者单击"特征"工具栏中的"抽壳"图标按钮 📦 ，此时系统弹出如图 3-133 所示的"抽壳"属性管理器。

图 3-131　"剖面视图" 属性管理器

图 3-132　剖面视图

03 设置属性管理器。在 "参数" 复选框的 "厚度" 一栏中输入 10mm；在 "移除的面" 一栏中，选择图 3-126 中的面 1。在 "多厚度设定" 复选框的 "多厚度面" 一栏中，选择图 3-126 中的面，然后在 "多厚度" 一栏中输入 20mm；重复多厚度设定，将图 3-126 中的面 3 设定 "多厚度" 一栏中输入 30mm。

04 确认抽壳特征。单击 "抽壳" 属性管理器中的 "确定" 图标按钮 ，结果如图 3-134 所示。

图 3-133　"抽壳 1" 属性管理器

图 3-134　抽壳的图形

3.12　综合实例

本节介绍键、传动轴及带轮的绘制方法。在实例的绘制中讲解所用到特征的操作方法。

3.12.1　键设计

本例绘制的键如图 3-135 所示。

图 3-135　键零件图

光盘\参考视频\第 3 章\键设计.avi

首先绘制草图，然后裁剪草图，最后拉伸实体，完成键的绘制。绘制键的流程如图 3-136 所示。

图 3-136　绘制键的流程图

01 启动软件。在菜单栏中选择"开始"→"所有程序"→"SoildWorks 2014"→"SoildWorks 2014"菜单命令，或者单击桌面图标 ![icon]，启动 SoildWorks 2014。

02 创建零件文件。单击"标准"工具栏中的"新建"图标按钮 ![icon]，此时系统弹出"新建 SoildWorks 文件"对话框，在其中选择"零件"图标 ![icon]，然后单击"确定"按钮，创建一个新的零件文件。

03 保存文件。单击"标准"工具栏中的"保存" 图标按钮 ![icon]，此时系统弹出"另存为"对话框。在"文件名"一栏中输入键，然后单击"保存"按钮，创建一个文件名为"键"的零件文件。

04 设置基准面。在左侧的"FeatureManager 设计树"中用鼠标选择"前视基准面"作为绘制图形的基准面。

05 绘制草图。在菜单栏中选择"工具"→"草图绘制实体"→"矩形"命令，以原点为一角点绘制一个矩形并标注尺寸，如图 3-137 所示。

06 绘制草图。在菜单栏中选择"工具"→"草图绘制实体"→"三点圆弧"命令，以矩形左边直线的端点为起点和终点绘制半径为 6 的圆弧；以矩形右边直线的端点为起点和终点绘制半径为 6 的圆弧，结果如图 3-138 所示。

图 3-137 绘制的草图

图 3-138 绘制的草图

07 剪裁草图。单击"草图"工具栏中的"剪裁实体" 图标按钮，剪裁图3-138中的直线1和直线2，结果如图3-139所示。

08 拉伸实体。在菜单栏中选择"插入"→"凸台/基体"→"拉伸"命令，将上一步剪裁的草图拉伸为"深度"为15的实体，结果如图3-140所示。

图 3-139 剪裁的草图

图 3-140 拉伸的草图

09 设置视图方向。单击"视图"工具栏中的"旋转视图"图标按钮，将视图以合适的方向显示，结果如图3-141所示。键绘制完毕，此时键的"FeatureManager设计树"如图3-142所示。

图 3-141 绘制的键

图 3-142 键的"FeatureManager 设计树"

3.12.2 传动轴设计

本例绘制的传动轴如图3-143所示。

光盘\参考视频\第 3 章\传动轴设计.avi

首先绘制中间轴，再绘制端轴和键槽，最后切除拉伸实体。绘制传动轴的流程如图3-144所示。

图 3-143　传动轴零件图

图 3-144　绘制传动轴的流程图

01 启动软件。在菜单栏中选择"开始"→"所有程序"→"SoildWorks 2014"→"SoildWorks 2014"菜单命令，或者单击桌面图标 ，启动SoildWorks 2014。

02 创建零件文件。单击"标准"工具栏中的"新建"图标按钮 ，此时系统弹出"新建SoildWorks文件"对话框，在其中选择"零件"图标 ，然后单击"确定"按钮，创建一个新的零件文件。

03 保存文件。单击"标准"工具栏中的"保存"图标按钮 ，此时系统弹出"另存为"对话框。在"文件名"一栏中输入传动轴，然后单击"保存"按钮，创建一个文件名为"传动轴"的零件文件。

04 设置基准面。在左侧的"FeatureManager设计树"中用光标选择"前视基准面"作为绘制图形的基准面。

05 绘制草图。在菜单栏中选择"工具"→"草图绘制实体"→"圆"命令，以原点为圆心绘制一个直径为50的圆。

06 拉伸实体。在菜单栏中选择"插入"→"凸台/基体"→"拉伸"命令，将上一步绘制的草图拉伸为"深度"为110的实体，结果如图3-145所示。

07 设置基准面。选择图3-145所示的面1，然后单击"标准视图"工具栏中的"正视于" 图标按钮，将该面作为绘制图形的基准面。

08 绘制草图。在菜单栏中选择"工具"→"草图绘制实体"→"圆"命令，以原点为圆心绘制一个直径为30的圆。

09 拉伸实体。在菜单栏中选择"插入"→"凸台/基体"→"拉伸"命令，将上一步绘制的草图拉伸为"深度"为60的实体。

10 设置视图方向。单击"标准视图"工具栏中的"等轴测"图标按钮，将视图以等轴测方向显示，结果如图3-146所示。

11 绘制另一端轴。重复步骤 **07** ～ **10**，绘制另一端轴，轴的大小与图3-146中的端轴相同，结果如图3-147所示。

图 3-145　拉伸的图形　　　　图 3-146　拉伸的图形　　　　图 3-147　拉伸的图形

12 添加基准面。在左侧的"FeatureManager设计树"中用光标选择"上视基准面"，然后单击"参考几何体"工具栏"基准面"图标按钮，此时系统弹出如图3-148所示的"基准面"属性管理器。在"等距距离"一栏中输入15mm，并调整设置基准面的方向。单击属性管理器中的"确定"图标按钮，添加一个新的基准面，结果如图3-149所示。

13 设置基准面。单击上一步添加的基准面，然后单击"标准视图"工具栏中的"正视于"图标，将该基准面作为绘制图形的基准面。

14 绘制草图。在菜单栏中选择"工具"→"草图绘制实体"→"中心线"命令，绘制一条通过原点的竖直中心线；"工具"→"草图绘制实体"→"矩形"命令，绘制如图3-150所示的图形。

15 添加几何关系。在菜单栏中选择"工具"→"几何关系"→"添加"命令，此时系统弹出如图3-151所示的"添加几何关系"属性管理器。在"所选实体"一栏中，用光标依次选择图3-150中的直线1、直线2与竖直中心线。单击"添加几何关系"一栏中的"对称"图标按钮，"对称"几何关系出现在"现有几何关系"一栏中。单击属性管理器中的"确定"图标按钮，将直线1和直线3添加为关于竖直中心线"对称"的几何关系。

16 标注尺寸。单击"尺寸/几何关系"工具栏中的"智能尺寸" 图标按钮，标注上一步添加几何关系后的草图尺寸，结果如图3-152所示。

17 绘制草图。在菜单栏中选择"工具"→"草图绘制实体"→"三点圆弧"命令，以图3-152中点1和点2分别为起点和终点绘制一个半径为6的圆弧，结果如图3-154所示。

18 剪裁草图。单击"草图"工具栏中的"剪裁实体" 图标按钮，剪裁图3-153中的直线1，结果如图3-154所示。

图 3-148　"基准面"属性管理器　　　图 3-149　添加的基准面　　　图 3-150　绘制的草图

图 3-151　"添加"几何关系属性管理器　　　图 3-152　添加几何关系的草图

图 3-153　绘制的草图　　　图 3-154　剪裁的草图

19 切除拉伸实体。在菜单栏中选择"插入"→"切除"→"拉伸"令,此时系统弹出如图3-155所示的"切除-拉伸"属性管理器。按照图示进行设置,注意调整切除拉伸的方向,单击属性管理器中的"确定"图标按钮✅。

20 设置视图方向。单击"标准视图"工具栏中的"等轴测"图标按钮,将视图以等轴测方向显示,结果如图3-156所示。

图 3-155 "切除-拉伸"属性管理器   图 3-156 切除拉伸的图形

21 绘制另一端的键槽。重复步骤 **12** ～ **19** ,绘制另一端的键槽,键槽的大小与图3-156的键槽相同,结果如图3-157所示。传动轴绘制完毕,此时传动轴的"FeatureManager设计树"如图3-158所示。

图 3-157 绘制的传动轴   图 3-158 传动轴的"FeatureManager 设计树"

3.12.3 带轮设计

本例绘制的带轮,如图3-159所示。

光盘\参考视频\第 3 章\带轮设计.avi

首先绘制草图,之后旋转实体,再绘制键槽,完成带轮的绘制。绘制带轮的流程如图3-160

所示。

图 3-159　带轮零件图

图 3-160　绘制带轮的流程图

01 启动软件。在菜单栏中选择"开始"→"所有程序"→"SoildWorks 2014"→"SoildWorks 2014"菜单命令，或者单击桌面图标 ，启动SoildWorks 2014。

02 创建零件文件。单击"标准"工具栏中的"新建"图标按钮 ，此时系统弹出"新建SoildWorks文件"对话框，在其中选择"零件"图标 ，然后单击"确定"按钮，创建一个新的零件文件。

03 保存文件。单击"标准"工具栏中的"保存"图标按钮 ，此时系统弹出"另存为"对话框。在"文件名"一栏中输入带轮，然后单击"保存"按钮，创建一个文件名为"带轮"的零件文件。

04 设置基准面。在左侧的"FeatureManager设计树"中用光标选择"前视基准面"作为绘制图形的基准面。

05 绘制中心线。在菜单栏中选择"工具"→"草图绘制实体"→"中心线"命令，绘制通过原点的水平和竖直中心线，如图3-161所示。

06 设置动态绘制草图。在菜单栏中选择"工具"→"草图绘制工具"→"动态镜像"命令，单击图3-161中的竖直中心线，此时草图如图3-162所示，进入动态镜像草图绘制状态。

07 绘制草图。在菜单栏中选择"工具"→"草图绘制实体"→"直线"命令，绘制如图3-163所示的草图。

08 标注尺寸。单击"尺寸/几何关系"工具栏中的"智能尺寸"图标按钮 ，标注上一步添加几何关系后的草图尺寸，结果如图3-164所示。

09 旋转图形。单击"特征"工具栏中的"旋转凸台/基体"图标按钮 ，此时系统弹出如图3-165所示的"旋转"属性管理器。在"旋转轴"一栏中，用光标选择图3-163中的水平中心线。按照图示进行设置后，单击属性管理器中的"确定"图标 ✅ ，结果如图3-166所示。

图 3-161　绘制的中心线　　图 3-162　动态镜向草图　　图 3-163　绘制的草图

图 3-164　标注的草图　　　图 3-165　"旋转"属性管理器　　图 3-166　旋转的图形

10 设置基准面。在左侧的"FeatureManager设计树"中用鼠标选择"上视基准面"作为绘制图形的基准面。

11 绘制中心线。在菜单栏中选择"工具"→"草图绘制实体"→"中心线"命令，绘制通过原点的水平中心线。

12 绘制中心线。在菜单栏中选择"工具"→"草图绘制实体"→"矩形"命令，绘制如图3-167所示的矩形，使矩形的左右两边与实体边线重合。

13 添加几何关系。在菜单栏中选择"工具"→"几何关系"→"添加"命令，此时系统弹出如图3-168所示的"添加几何关系"属性管理器。在"所选实体"一栏中，用光标依次选择图3-169中矩形的上下两边与水平中心线。单击"添加几何关系"一栏中的"对称"图标按钮 ☐ ，"对称"几何关系出现在"现有几何关系"一栏中。单击属性管理器中的"确定"按钮，将矩形的上下两边添加为关于水平中心线"对称"的几何关系。

14 标注尺寸。单击"尺寸/几何关系"工具栏中的"智能尺寸" 图标按钮 ◇ ，标注上一步添加几何关系后的草图尺寸，结果如图3-169所示。

15 切除拉伸实体。在菜单栏中选择"插入"→"切除"→"拉伸"命令，此时系统弹出如图3-170所示的"切除-拉伸"属性管理器。按照图示进行设置，注意调整切除拉伸的方向，单击属性管理器中的"确定"图标按钮 。

图 3-167　绘制的矩形　　图 3-168　"添加"几何关系属性管理器　　图 3-169　绘制的草图

16 设置视图方向。单击"标准视图"工具栏中的"等轴测" 图标按钮，将视图以等轴测方向显示，结果如图3-171所示。带轮绘制完毕，此时带轮的"FeatureManager设计树"如图3-172所示。

图 3-170　"切除-拉伸"属性管理器　图 3-171　绘制带轮　图 3-172　带轮"FeatureManager 设计树"

3.13　上机操作

通过前面的学习，读者对本章知识也有了大体的了解，本节通过1个操作练习使读者进一步掌握本章知识要点。

操作提示：

（1）产生如图 3-173 所示的支撑架本体。草图尺寸如图 3-174a 所示；拉伸长度 26mm，方式为两侧对称，拉伸实体后如图 3-174b 所示。

图 3-173　支撑架

（2）切削沟槽。沟槽草图尺寸如图 3-174c 所示；切除拉伸模式为完全贯穿，实体形状如图 3-174d 所示。

（3）产生圆弧体。圆弧体草图尺寸如图 3-174e 所示；圆弧体用旋转凸台产生，如图 3-174f 所示。

（4）切削圆弧体。切削草图尺寸如图 3-174g 所示；拉伸切除特征，切除方向 1 与方向 2 为完全贯穿，特征如图 3-174h 所示。

（5）圆弧切削。圆弧切削草图如图 3-174i 所示；产生旋转切除特征如图 3-174j 所示。

（6）切削支撑架本体。草图尺寸如图 3-174k；拉伸切除，设定方向 1 和方向 2 为完全贯穿，特征如图 3-174l。

（7）产生制成圆柱。草图尺寸如图 3-174m 所示；拉伸凸台特征高度为 1.2mm，形状如图 3-174n 所示。

（8）切削支撑圆柱。在右视平面，绘制草图如图 3-174o 所示；拉伸切除模式为完全贯穿，产生特征如图 3-174p 所示。

（9）镜像特征。按住 Ctrl 键连续选取凸台、切除特征与前视基准面，进行镜像。

（10）切削沟槽。绘制草图如图 3-174q 所示；拉伸切除特征如图 3-174r 所示。

（11）线性阵列。将沟槽特征进行线性阵列，方向 1 距离 6mm、总数量为 5 个。

a）草图尺寸　　　　　　　　b）支撑架本体　　　　　　　　c）沟槽草图

d）实体形状　　　　e）圆弧体草图　　　　　f）　　　　　　　g）

图　3-174

h) i) j)

k) l) m)

n) o) p)

q) r)

s) t)

图 3-174（续）

（12）产生固定扣。在前视中绘制草图如图 3-174s 所示；拉伸凸台特征模式为两侧对称，总长度为6mm。

（13）倒圆角。将边线倒圆角，如图 3-174t 所示支撑架形状。

第4章 附加特征建模

导读

  SolidWorks 中有一类特征是建立在已经生成的其他特征的基础上，这种特征的生成必须依靠其他特征，这里称之为复杂特征。

  在本章主要介绍零件造型和特征的相关技术。在介绍造型前首先介绍了造型的基础——定位特征，没有定位就不能实现零件的造型，相信读者通过本节的学习和实践会熟练掌握定位的选择。接下来就是建立三维图形不可缺少的草图特征的一些基础了。这也是本章的重点部分，里面不仅详细介绍了拉伸、倒角等一些基本特征的创建，而且也具体介绍了线性阵列、圆周阵列、镜像等复杂特征的创建。在最后是零件的其他设计的表达。

学 习 要 点

◎ 复杂特征

◎ 圆顶特征和自由形特征

◎ 钻孔特征

4.1 复杂特征

特征阵列用于将任意特征作为原始样本特征，通过指定阵列尺寸产生多个类似的子样本特征。特征阵列完成后，原始样本特征和子样本特征成为一个整体，用户可将它们作为一个特征进行相关的操作，如删除、修改等。

4.1.1 线性阵列

线性阵列是指沿一条或两条直线路径生成多个子样本特征。图 4-1 列举了线性阵列的零件模型。

图 4-1 线性阵列模型

1. 在菜单栏中选择"插入"→"阵列/镜像"→"线性阵列"命令，或单击"特征"工具栏上的"线性阵列"图标按钮▦。
2. 从"线性阵列"属性管理器（如图 4-2 所示）中得出线性阵列的可控参数如下：

➢ 设置阵列的方向：可以选择一线性边线、直线、轴、或尺寸。如有必要，可单击反向按钮┚来改变阵列的方向。

图 4-2 "线性阵列"属性管理器

> 阵列数量：在所选择方向上设置要阵列的距离及要阵列的数量。这里的距离是指每个阵列个体之间的间距。阵列的数量包括原始要阵列的特征即阵列的总数。

> 设置阵列的方向二：在第二个方向上设置的阵列可控参数。同阵列方向一。

> 要阵列的特征：使用所选择的特征来作为源特征以生成阵列。

> 要阵列的面：使用构成源特征的面生成阵列。在图形区域中选择源特征的所有面。这对于只输入构成特征的面而不是特征本身的模型很有用。当使用要阵列的面时，阵列必须保持在同一面或边界内，它不能够跨越边界。

> 要阵列的实体：在零件图中有多个实体特征，可利用阵列实体来生成多个实体。

> 可跳过的实例：在生成阵列时跳过在图形区域中选择的阵列实例。当将光标移动到每个阵列的实例上时，指针变为 🖑 并且坐标也出现在图形区域中。单击以选择要跳过的阵列实例。若想恢复阵列实例，再次单击图形区域中的实例标号。

> 选项：

　☑ 随型变化：让阵列实例重复时改变其尺寸，如图 4-3 所示。

　☑ 几何体阵列：只使用特征的几何体(面和边线)来生成阵列，而不阵列和求解特征的每个实例。几何体阵列选项可以加速阵列的生成及重建。注：对于与模型上其他面共用一个面的特征，不能使用几何体阵列选项。

　☑ 延伸视象属性：若想镜像所镜像实体的视象属性（SolidWorks 的颜色、纹理和装饰螺纹数据），选择延伸视象属性。

图 4-3　没选择随行变化（左）与选择了随行变化（右）

4.1.2　圆周阵列

圆周阵列是指绕一个轴心以圆周路径生成多个子样本特征。图 4-4 列举了圆周阵列的零件模型。

1. 在菜单栏中选择"插入"→"阵列/镜像"→"圆周阵列"命令，或单击"特征"工具栏上的"圆周阵列"图标按钮 🔀。

2. 从"圆周阵列"属性管理器（如图 4-5 所示）中得出圆周阵列的可控参数如下：

> 选择圆周阵列的旋转轴：在生成圆周阵列之前，首先要生成一个中心轴。这个轴可以是基准轴或者临时轴。在模型区域中选择轴、模型边线或角度尺寸。阵列绕此轴

生成。如有必要，单击反向按钮 ![icon] 来改变圆周阵列的方向。

➤ 阵列的角度及阵列的数目：在所选择方向上设置要阵列的角度及要阵列的个数。这里的角度是指每个阵列实体之间的角度。阵列的数量包括原始要阵列的特征即阵列的总数。选中等间距则为设定总角度为 360 度。

其余与前面相同。

图 4-4　圆周阵列模型　　　　　　　　图 4-5　"圆周阵列"属性管理器

4.1.3　镜像

如果零件结构是对称的，用户可以只创建一半零件模型，然后使用特征镜像的办法生成整个零件。如果修改了原始特征，则镜像的复制也将更新以反映其变更。图 4-6 所示为运用特征镜像生成的零件模型。

1. 在菜单栏中选择"插入"→"阵列/镜像"→"镜像"命令，或单击"特征"工具栏上的"镜像"图标按钮 ![icon]。

图 4-6　特征镜像生成零件

2. 从"镜像"属性管理器（如图 4-7 所示）中得出镜像的可控参数如下：

➤ 镜像面/基准面：如要生成镜像特征、实体或镜像面需选择镜像面或基准面来进行镜像操作。

> 要镜像的特征：使用所选择的特征来作为源特征以生成镜像的特征。如果选择模型上的平面，将绕所选面镜像整个模型。
> 要镜像的面：使用构成源特征的面生成镜像。
> 要镜像的实体：在单一模型或多实体零件中选择一实体来生成一镜像实体。
> 选项：
> ☑ 合并实体：如果选择合并实体，原有零件和镜像的零件成为单一实体。当在实体零件上选择一个面并消除合并实体复选框时，可生成附加到原有实体但为单独实体的镜像实体。
> ☑ 缝合曲面：如果选择的曲面之间无交叉或缝隙来镜像曲面，可选择缝合曲面将两个曲面缝合在一起。
> ☑ 延伸视象属性：将 SolidWorks 的颜色、纹理和装饰螺纹数据延伸给所有镜像实例的特征。

图 4-7　"镜像"

4.2　圆顶特征

圆顶特征是对模型的一个面进行变形操作，生成圆顶型凸起特征。

【例 4-1】下面通过实例介绍圆顶特征的操作步骤。

光盘\参考视频\第 4 章\例 4-1.avi

01 新建零件图，设置基准面。在左侧的"FeatureManager 设计树"中，选择"前视基准面"作为绘制图形的基准面。

02 绘制草图。在菜单栏中选择"工具"→"草图绘制实体"→"多边形"命令，以原点为圆心绘制一个多边形并标注尺寸，结果如图 4-8 所示。

03 拉伸实体。在菜单栏中选择"插入"→"凸台/基体"→"拉伸"命令，将上一步绘制的草图拉伸为"深度"为 60 的实体，结果如图 4-9 所示。

图 4-8　绘制的草图

图 4-9　拉伸的图形

04 执行圆顶命令。在菜单栏中选择"插入"→"特征"→"圆顶"命令，或者单击"特征"工具栏中的"圆顶"图标按钮 🔘，此时系统弹出如图 4-10 所示的"圆顶"属性管理器。

05 设置属性管理器。在"到圆顶的面"一栏中，选择图 4-9 中的表面 1，在"距离"一栏中输入 50mm，选中"连续圆顶"复选框。

06 确认圆顶特征。单击属性管理器中的"确定"图标按钮 ✔️，并调整视图的方向，结果如图 4-11 所示。

图 4-12 所示为不选中"连续圆顶"复选框生成的圆顶图形。

注意：
在圆柱和圆锥模型上，可以将"距离"设定为 0，此时系统会使用圆弧半径作为圆顶的基础来计算距离。

图 4-10 "圆顶"属性管理器　　　图 4-11 连续圆顶的图形　　　图 4-12 不连续圆顶的图形

4.3 自由形特征

自由形特征与圆顶特征类似，也是针对模型表面进行变形操作，但是具有更多的控制选项。自由形特征通过展开、约束或拉紧所选曲面在模型上生成一个变形曲面。变形曲面灵活可变，很像一层膜。

【例 4-2】下面通过实例介绍特型特征的操作步骤。

光盘\参考视频\第 4 章\例 4-2.avi

01 新建零件图，设置基准面。在左侧的"FeatureManager 设计树"中，选择"前视基准面"作为绘制图形的基准面。

02 绘制草图。在菜单栏中选择"工具"→"草图绘制实体"→"矩形"命令，以原点为一角点绘制一个矩形并标注尺寸，结果如图 4-13 所示。

03 拉伸实体。在菜单栏中选择"插入"→"凸台/基体"→"拉伸"命令，将上一步绘制的草图拉伸为"深度"为 40 的实体，结果如图 4-14 所示。

图 4-13 绘制的草图

图 4-14 拉伸的图形

04 执行特型特征。在菜单栏中选择"插入"→"特征"→"自由形"命令，此时系统弹出如图 4-15 所示的"自由形"属性管理器。

05 设置属性管理器。在"面设置"一栏中，选择图 4-14 中的表面 1，进行设置。

06 确认特型特征。单击属性管理器中的"确定"图标按钮 ✔，结果如图 4-16 所示。

图 4-15 "自由形"属性管理器

图 4-16 特型的图形

4.4 钻孔特征

钻孔特征是指在已有的零件上生成各种类型的孔特征。SolidWorks 提供了两种生成孔特征的方法，分别是：简单直孔和异型孔向导。

1. 简单直孔是指在确定的平面上，设置孔的直径和深度。孔深度的"终止条件"类型与拉伸切除的"终止条件"类型基本相同。

【例 4-3】下面通过实例介绍简单直孔的操作步骤。

光盘\参考视频\第 4 章\例 4-3.avi

01 新建零件图，设置基准面。在左侧的"FeatureManager 设计树"中，选择"前视基准面"作为绘制图形的基准面。

02 绘制草图。在菜单栏中选择"工具"→"草图绘制实体"→"圆"命令，以原点为圆心绘制一个直径为 60 的圆。

03 拉伸实体。在菜单栏中选择"插入"→"凸台/基体"→"拉伸"命令，将上一步绘制的草图拉伸为"深度"均为 60 的实体，结果如图 4-17 所示。

04 执行孔命令。选择图 4-17 中的表面 1，在菜单栏中选择"插入"→"特征"→"孔"→"简单直孔"命令，或者单击"特征"工具栏中的"简单直孔"图标按钮，此时系统弹出如图 4-18 所示的"孔"属性管理器。

05 设置属性管理器。在"终止条件"一栏的下拉菜单中，选择"完全贯穿"选项；在"孔直径"一栏中输入 30mm。

图 4-17 拉伸的图形

图 4-18 "孔"属性管理器

06 确认孔特征。单击"孔"属性管理器中的"确定"图标按钮，结果如图 4-19 所示。

07 精确定位孔位置。右键单击"FeatureManager 设计树"中上一步添加的孔特征选项，此时系统弹出如图 4-20 所示的快捷菜单，在其中单击"编辑草图"选项，视图如图 4-21 所示。

08 添加几何关系。按住 Ctrl 键，单击图 4-21 中的圆弧 1 和边线弧 2，此时系统弹出如图所示的属性管理器。

09 单击"添加几何关系"一栏中的"同心"选项，此时"同心"几何关系出现在"现有几何关系"一栏中。为圆弧 1 和边线弧 2 添加"同心"几何关系。

10 确认孔位置。单击属性管理器中的"确定"图标按钮，结果如图 4-22 所示。

注意：

在确定简单孔的位置时，可以通过标注尺寸的方式来确定，对于特殊的图形可以通过添加几何关系来确定。

图 4-19　钻孔的图形　　　　　　图 4-20　系统快捷菜单

图 4-21　编辑草图和属性管理器　　　　图 4-22　编辑的图形

2．异型孔向导用于生成具有复杂轮廓的孔，主要包括柱形沉头孔、锥形沉头孔、孔、直螺纹孔、锥形螺纹孔、旧制孔、柱形槽口、锥孔槽口和槽口等 9 种类型的孔。异型孔的类型和位置都是在"孔"规格属性管理器中完成。

【例 4-4】下面通过实例介绍异型孔向导的操作步骤。

光盘\参考视频\第 4 章\例 4-4.avi

01 新建零件图，设置基准面。在左侧的"FeatureManager 设计树"中，选择"前视基准面"作为绘制图形的基准面。

02 绘制草图。在菜单栏中选择"工具"→"草图绘制实体"→"矩形"命令，以原点为一角点绘制一个矩形并标注尺寸，结果如图 4-23 所示。

03 拉伸实体。在菜单栏中选择"插入"→"凸台/基体"→"拉伸"命令，将上一步绘制的草图拉伸为"深度"为 60 的实体，结果如图 4-24 所示。

04 执行孔命令。选择图 4-24 中的表面 1，在菜单栏中选择"插入"→"特征"→"孔"

→ "向导"命令，或者单击"特征"工具栏中的"异型孔向导"图标按钮🛢️，此时系统弹出如图 4-25 所示的"孔规格"属性管理器。

图 4-23　绘制的草图

图 4-24　拉伸的图形

05 设置属性管理器。孔类型按照图 4-25 所示进行设置，然后单击"孔规格"属性管理器中的"位置"标签，此时光标处于"绘制点"状态，在图 4-24 的表面 1 上添加 4 个点。

06 标注孔尺寸。在菜单栏中选择"工具"→"标注尺寸"→"智能尺寸"命令，标注添加的 4 个点的定位尺寸，结果如图 4-26 所示。

图 4-25　"孔规格"属性管理器

图 4-26　标注的孔位置

07 确认孔特征。单击"孔规格"属性管理器中的"确定"图标按钮✔️，结果如图 4-27 所示。

08 设置视图方向。单击"标准视图"工具栏中的"旋转视图"图标🔁，将视图以合适的方向显示，结果如图 4-28 所示。

图 4-27　添加孔的图形　　　　　图 4-28　旋转视图的图形

4.5　比例缩放

比例缩放是指相对于零件或者曲面模型的重心或模型原点来进行缩放。比例缩放于多实体零件，可以缩放其中一个或多个模型的比例。比例缩放分为统一比例缩放和非等比例缩放，

【例 4-5】下面通过实例介绍非等比例缩放的操作步骤。

光盘\参考视频\第 4 章\例 4-5.avi

01　新建零件图，设置基准面。在左侧的"FeatureManager 设计树"中，选择"前视基准面"作为绘制图形的基准面。

02　绘制草图。在菜单栏中选择"草图绘制实体"命令，绘制如图 4-29 所示的草图并标注尺寸。

03　旋转实体。在菜单栏中选择"插入"→"凸台/基体"→"旋转"命令，或者单击"特征"工具栏中的"旋转凸台/基体"图标按钮，将上一步绘制的草图旋转为一个球形实体，结果如图 4-30 所示。

图 4-29　绘制的草图　　　　　图 4-30　旋转的球体

04　执行缩放比例命令。在菜单栏中选择"插入"→"特征"→"缩放比例"命令，或者单击"特征"工具栏中的"比例缩放"图标按钮，此时系统弹出如图 4-31 所示的"缩放比例"属性管理器。

05　设置属性管理器。单击"统一比例缩放"复选框，取消"统一比例缩放"选项，

并为 X 比例因子、Y 比例因子及 Z 比例因子单独设定比例因子数值，如图 4-32 所示。

06 确认缩放比例。单击"缩放比例"属性管理器中的"确定"图标按钮 ✓，结果如图 4-33 所示。

图 4-31 "缩放比例"属性管理器　　　图 4-32 设置的比例因子　　　图 4-33 缩放比例的图形

4.6 综合实例

对零件的特征进行有效地编辑、利用，可以事半功倍地完成零件的建模。通过 SolidWorks 2014 提供的阵列、镜像以及库特征可以方便快捷地生成很多看似复杂的模型。

4.6.1 转向器的绘制

本节绘制转向器如图 4-34 所示。

图 4-34 转向器

光盘\参考视频\第 4 章\转向器的绘制.avi

首先绘制转向器草图并扫描实体，然后绘制轴部，再绘制辐条并镜像实体，最后对转向器相应部分进行圆角处理。绘制转向器的操作流程如图 4-35 所示。

01 启动 SolidWorks 2014，在菜单栏中选择"文件"→"新建"命令，创建一个新的零件文件。

02 绘制转向器。绘制草图。在左侧的"FeatureManager 设计树"中，选择"前视基准面"作为绘制图形的基准面。在菜单栏中选择"工具"→"草图绘制实体"→"圆"命令，或者单击"草图"工具栏中的"圆"图标按钮 ⊙，以原点为圆心绘制一个圆。

图 4-35   绘制转向器的流程图

03 标注尺寸。在菜单栏中选择"工具"→"标注尺寸"→"智能尺寸"命令，或者单击"尺寸/几何关系"工具栏中的"智能尺寸"图标按钮 ❖，标注上一步绘制圆的直径。结果如图 4-36 所示，然后退出草图绘制状态。

04 设置基准面。单击左侧的"FeatureManager 设计树"中"上视基准面"，然后单击"标准视图"工具栏中的"正视于"图标 ↧，将该基准面作为绘制图形的基准面。

05 绘制草图。单击"草图"工具栏中的"圆"图标按钮 ⊙，以左侧端点为圆心绘制一个圆。

06 标注尺寸。单击"尺寸/几何关系"工具栏中的"智能尺寸"图标按钮 ❖，标注绘制圆的直径，结果如图 4-37 所示，然后退出草图绘制状态。

图 4-36   标注的草图   图 4-37   标注的草图

07 扫描实体。在菜单栏中选择"插入"→"凸台/基体"→"扫描"命令，或者单击"特征"工具栏中的"扫描"图标按钮 ⬡，此时系统弹出"扫描"属性管理器。在"轮廓"一栏中，选择图 4-37 中绘制的圆；在"路径"一栏，选择图 4-36 绘制的圆。单击属性管理器中的"确定"图标按钮 ✅。

08 设置视图方向。单击"标准视图"工具栏中的"等轴测"图标 ⬢，将视图以等轴测方向显示，结果如图 4-38 所示。

09 绘制轴部。设置基准面。在左侧的"FeatureManager 设计树"中，选择"前视基准面"，然后单击"标准视图"工具栏中的"正视于"图标 ↧，将该基准面作为绘制图形的基准面。

10 绘制草图。单击"草图"工具栏中的"圆"图标按钮 ⊙，以原点为圆心绘制一个圆。

11 标注尺寸。单击"尺寸/几何关系"工具栏中的"智能尺寸"图标按钮 ❖，标注绘制圆的直径，结果如图 4-39 所示。

12 拉伸实体。在菜单栏中选择"插入"→"凸台/基体"→"拉伸"命令，或者单击"特征"工具栏中的"拉伸凸台/基体"图标按钮 ▣，此时系统弹出"凸台-拉伸"属性管理器。在方向 1 和方向 2 的"深度"一栏中均输入 15mm，然后单击属性管理器中的"确定"图标按钮 ✅ 。

图 4-38　扫描后的图形

图 4-39　标注的草图

13 设置视图方向。单击"标准视图"工具栏中的"等轴测"图标 🔲 ，将视图以等轴测方向显示，结果如图 4-40 所示。

14 绘制辐条。设置基准面。在左侧的"FeatureManager 设计树"中，选择"上视基准面"，然后单击"标准视图"工具栏中的"正视于"图标 🔱 ，将该基准面作为绘制图形的基准面。

15 绘制草图。单击"草图"工具栏中的"圆"图标按钮 ⊙ ，以原点为圆心绘制一个圆。

16 标注尺寸。单击"尺寸/几何关系"工具栏中的"智能尺寸"图标按钮 ◇ ，标注绘制圆的直径，结果如图 4-41 所示。

图 4-40　拉伸后的图形

图 4-41　标注的草图

17 拉伸实体。单击"特征"工具栏中的"拉伸凸台/基体"图标按钮 🔲 ，此时系统弹出"凸台-拉伸"属性管理器。在"终止条件"一栏的下拉菜单中，选择"成形到一面"选项，然后单击扫描实体的内侧。单击属性管理器中的"确定"图标按钮 ✅ 。

18 设置视图方向。单击"标准视图"工具栏中的"等轴测"图标 🔲 ，将视图以等轴测方向显示，结果如图 4-42 所示。

19 圆周阵列实体。在菜单栏中选择"插入"→"阵列/镜像"→"圆周阵列"命令，或者单击"特征"工具栏中的"圆周阵列"图标按钮 🔅 ，此时系统弹出如图 4-43 所示的"圆周阵列"属性管理器。按照图示进行设置后，单击属性管理器中的"确定"图标按钮 ✅ ，结果如图 4-44 所示。

图 4-42　拉伸后的图形　　　　　　　　　图 4-43　"圆周阵列"属性管理器

20 圆角实体。在菜单栏中选择"插入"→"特征"→"圆角"命令，或者单击"特征"工具栏中的"圆角"图标按钮，此时系统弹出"圆角"属性管理器。在"半径"一栏中输入 3，然后选择图 4-44 中的边线 1 和边线 2。单击属性管理器中的"确定"图标按钮 。

21 设置视图方向。单击"标准视图"工具栏中的"等轴测"图标，将视图以等轴测方向显示，结果如图 4-45 所示。

图 4-44　圆周阵列后的图形　　　　　　　图 4-45　圆角后的图形

4.6.2　法兰盘设计

本例绘制的法兰盘如图 4-46 所示。

图 4-46　法兰盘零件图

光盘\参考视频\第 4 章\法兰盘设计.avi

首先绘制盘盖，再绘制套筒和连接杆，最后倒角实体。绘制的流程如图 4-47 所示。

图 4-47　绘制法兰盘的流程图

01 启动软件。利用"开始"→"所有程序"→"SoildWorks 2014"菜单命令，或者单击桌面图标 ，启动 SoildWorks 2014。

02 创建零件文件。单击"标准"工具栏中的"新建"图标按钮 ，此时系统弹出"新建 SoildWorks 文件"属性管理器，在其中选择"零件"图标 ，然后单击"确定"按钮，创建一个新的零件文件。

03 保存文件。单击"标准"工具栏中的"保存"图标按钮 ，此时系统弹出"另存为"属性管理器。在"文件名"一栏中输入法兰盘，然后单击"保存"按钮，创建一个文件名为"法兰盘"的零件文件。

04 设置基准面。在左侧的"FeatureManager 设计树"中用光标选择"前视基准面"作为绘制图形的基准面。

05 绘制草图。在菜单栏中选择"工具"→"草图绘制实体"→"圆"命令，以原点为圆心绘制两个同心圆，直径分别为 80 和 30，如图 4-48 所示。

06 拉伸实体。在菜单栏中选择"插入"→"凸台/基体"→"拉伸"命令，将上一步绘制的草图拉伸为"深度"均为 10 的实体，结果如图 4-49 所示。

图 4-48　绘制的草图　　　　　　　图 4-49　拉伸的实体

07 设置基准面。选择图 4-49 所示的面 1，然后单击"标准视图"工具栏中的"正视于"图标 ，将该面作为绘制图形的基准面。

08 绘制草图。在菜单栏中选择"工具"→"草图绘制实体"→"圆"命令，以原点为圆心绘制两个同心圆，直径分别为 30 和 40，如图 4-50 所示。

09 拉伸实体。在菜单栏中选择"插入"→"凸台/基体"→"拉伸"命令，将上一步绘制的草图拉伸为"深度"均为 5 的实体。

10 设置视图方向。单击"视图"工具栏中的"旋转视图"图标 ，将视图以合适的方向显示，结果如图 4-51 所示。

11 设置基准面。选择图 4-51 所示的面 1，然后单击"标准视图"工具栏中的"正视于"图标 ⚓，将该面作为绘制图形的基准面。

图 4-50　绘制的草图　　　　　　　图 4-51　拉伸的图形

12 绘制草图。在菜单栏中选择"工具"→"草图绘制实体"→"圆"命令，在原点的正上方绘制一个直径为 12 的圆，结果如图 4-52 所示。

13 圆周阵列草图。在菜单栏中选择"工具"→"草图绘制工具"→"圆周阵列"命令，或者单击"草图"工具栏中的"圆周草图阵列"图标按钮❀，此时系统弹出如图 4-53 所示的"圆周阵列"属性管理器。在"要阵列的实体"一栏中，用光标选择图 4-51 中的圆。按照图示进行设置后，单击属性管理器中的"确定"图标 ✔，结果如图 4-54 所示。

14 切除拉伸实体。在菜单栏中选择"插入"→"切除"→"拉伸"命令，此时系统弹出"切除-拉伸"属性管理器。在"终止条件"一栏的下拉菜单中，用光标选择"完全贯穿"选项，注意调整切除拉伸的方向，单击属性管理器中的"确定"图标按钮 ✔。

图 4-52　绘制的草图　　图 4-53　"圆周阵列"属性管理器　　图 4-54　圆周阵列的草图

15 设置视图方向。单击"标准视图"工具栏中的"等轴测"图标 🔲，将视图以等轴测方向显示，结果如图 4-55 所示。

16 创建倒角。在菜单栏中选择"插入"→"特征"→"倒角"命令，或者单击"特征"工具栏中的"倒角"图标按钮 🔾，此时系统弹出如图 4-56 所示的"倒角"属性管理器。在"距离"一栏中输入 2mm；在"边和线或面"一栏中用光标选择图 4-55 中的边线 1 和边线 2。单击属性管理器中的"确定"按钮图标 ✔，结果如图 4-57 所示。

17 设置视图方向。单击"视图"工具栏中的"旋转视图"图标 🔄，将视图以合适的方向显示,结果如图 4-58 所示。法兰盘绘制完毕，此时法兰盘的"FeatureManager 设计树"如图 4-59 所示。

图 4-55　切除拉伸的图形　　　图 4-56　"倒角"属性管理器　　　图 4-57　倒角后的图形

图 4-58　绘制的法兰盘　　　　图 4-59　法兰盘的"FeatureManager 设计树"

4.6.3　基座设计

本例绘制的基座如图 4-60 所示。

图 4-60　基座

光盘\参考视频\第 4 章\基座设计.avi

　　首先绘制基座轮廓草图并拉伸实体，然后绘基座的支架，再绘制轴套、肋板，最后绘制沉头孔和螺纹孔并圆角实体。绘制的流程如图 4-61 所示。

图 4-61　绘制基座的流程图

01 启动软件。在菜单栏中选择"开始"→"所有程序"→"SoildWorks 2014"菜单命令，或者单击桌面图标 ，启动 SoildWorks 2014。

02 创建零件文件。单击"标准"工具栏中的"新建"图标按钮 ，此时系统弹出如图 4-62 所示的"新建 SoildWorks 文件"属性管理器，在其中选择"零件"图标 ，然后单击"确定"按钮，创建一个新的零件文件。

03 保存文件。单击"标准"工具栏中的"保存"图标按钮 ，此时系统弹出"另存为"属性管理器。在"文件名"一栏中输入基座，然后单击"保存"按钮，创建一个文件名为"基座"的零件文件。

04 设置基准面。在左侧的"FeatureManager 设计树"中用光标选择"上视基准面"作为绘制图形的基准面。

05 绘制草图。在菜单栏中选择"工具"→"草图绘制实体"→"矩形"命令，以原点为一角点绘制一个矩形并标注尺寸，结果如图 4-63 所示。

06 拉伸实体。在菜单栏中选择"插入"→"凸台/基体"→"拉伸"命令，将上一步绘制的草图拉伸为"深度"为 20mm 的实体，结果如图 4-64 所示。

07 设置基准面。选择图 4-64 所示的面 1，然后单击"标准视图"工具栏中的"正视于"图标 ，将该面作为绘制图形的基准面。

图 4-62 "新建 SolidWorks 文件"属性管理器

图 4-63 绘制的草图

图 4-64 拉伸的图形

08 绘制草图。在菜单栏中选择"工具"→"草图绘制实体"→"矩形"命令,以基准面的左右表面为矩形的两边绘制一个矩形并标注尺寸,结果如图 4-65 所示。

09 拉伸实体。在菜单栏中选择"插入"→"凸台/基体"→"拉伸"命令,将上一步绘制的草图拉伸为"深度"为 60 的实体。

10 设置视图方向。单击"标准视图"工具栏中的"等轴测"图标 ,将视图以等轴测方向显示,结果如图 4-66 所示。

11 设置基准面。选择图 4-66 所示的面 1,然后单击"标准视图"工具栏中的"正视于"图标 ,将该面作为绘制图形的基准面,结果如图 4-67 所示。

12 绘制中心线。在菜单栏中选择"工具"→"草图绘制实体"→"中心线"命令,以图 4-66 中的边线 1 的中点为起点绘制一条竖直向上的中心线,结果如图 4-68 所示。

13 绘制草图。在菜单栏中选择"工具"→"草图绘制实体"→"圆"命令,以上一步绘制竖直中心线上的一点为圆心绘制两个同心圆,并标注圆的直径及其定位尺寸。结果如图 4-69 所示。

14 拉伸实体。在菜单栏中选择"插入"→"凸台/基体"→"拉伸"命令,将上一步绘制的草图拉伸为"深度"为 120 的实体,注意调整拉伸的方向。

15 设置视图方向。单击"标准视图"工具栏中的"等轴测"图标⬜，将视图以等轴测方向显示，结果如图 4-70 所示。

图 4-65　绘制的草图　　　　图 4-66　拉伸的图形　　　　图 4-67　设置的基准面

图 4-68　绘制的中心线　　　　图 4-69　绘制的草图　　　　图 4-70　拉伸的图形

16 添加基准面。在左侧的"FeatureManager 设计树"中用鼠标选择"前视基准面"，单击"参考几何体"工具栏"基准面"图标按钮◇，此时系统弹出如图 4-71"基准面"属性管理器。在"等距距离"一栏中输入 60mm，并调整设置基准面的方向。单击属性管理器中的"确定"图标按钮✔，添加一个新的基准面，结果如图 4-72 所示。

17 设置基准面。单击上一步添加的基准面，然后单击"标准视图"工具栏中的"正视于"图标⬦，将该基准面作为绘制图形的基准面。

18 绘制草图。在菜单栏中选择"工具"→"草图绘制实体"→"直线"以及"三点圆弧"命令，绘制如图 4-73 所示的草图并标注尺寸。

19 拉伸实体。在菜单栏中选择"插入"→"凸台/基体"→"拉伸"命令，此时系统弹出如图 4-74 所示的"拉伸"属性管理器。在"终止条件"一栏的下拉菜单中用光标选择"两侧对称"选项；在"深度"一栏中输入 20mm，单击属性管理器中的"确定"图标按钮✔。

20 设置视图方向。单击"视图"工具栏中的"旋转视图"图标⟳，将视图以合适的方向显示，结果如图 4-75 所示。

21 添加基准面。在左侧的"FeatureManager 设计树"中用光标选择"右视基准面"，然后在菜单栏中选择"插入"→"参考几何体"→"基准面"命令，此时系统弹出如图 4-76

"基准面"属性管理器。在"等距距离"一栏中输入 80mm，并调整设置基准面的方向。单击属性管理器中的"确定"图标按钮 ✅，添加一个新的基准面，结果如图 4-76 所示。

图 4-71　"基准面"属性管理器　　图 4-72　添加的基准面　　图 4-73　拉伸的图形

图 4-74　"拉伸"属性管理器　　图 4-75　拉伸的图形　　图 4-76　"基准面"属性管理器

22 镜像实体。在菜单栏中选择"插入"→"阵列/镜像"→"镜像"命令，此时系统弹出如图 4-78 所示的"镜像"属性管理器。在"镜像面/基准面"一栏中，用光标选择第 **21** 步添加的基准面，即图 4-77 中的基准面 2；在"要镜像的特征"一栏中，用光标选择第 **19** 步拉伸的实体，即图 4-75 中拉伸的实体。单击属性管理器中的"确定"图标按钮 ✅。

23 设置视图方向。单击"视图"工具栏中的"旋转视图"图标 🔁，将视图以合适的方向显示，结果如图 4-79 所示。

24 隐藏基准面。在菜单栏中选择"视图"→"基准面"命令，取消视图中基准面的显示，结果如图 4-80 所示。

25 设置基准面。选择图 4-80 所示的面 1，然后单击"标准视图"工具栏中的"正视于"图标↓，将该面作为绘制图形的基准面。

图 4-77　添加的基准面　　　　　　　　　图 4-78　"镜像"属性管理器

图 4-79　镜像的图形　　　　　　　　　图 4-80　隐藏基准面的图形

26 添加柱形沉头孔。在菜单栏中选择"插入"→"特征"→"钻孔"→"向导"命令，或者单击"特征"工具栏中的"异型孔向导"图标按钮⚙，此时系统弹出如图 4-81 所示"孔规格"属性管理器。按照图示进行设置后，单击"位置"按钮，然后用光标在上一步设置的基准面上添加 4 个点，并标注孔的位置，结果如图 4-82 所示。单击属性管理器中的"确定"图标✓，完成柱形沉头孔的绘制。

27 设置视图方向。单击"视图"工具栏中的"旋转视图"图标🔁，将视图以合适的方向显示，结果如图 4-83 所示。

28 设置基准面。选择图 4-83 所示的面 1，然后单击"标准视图"工具栏中的"正视于"图标↓，将该面作为绘制图形的基准面。

29 添加螺纹孔。在菜单栏中选择"插入"→"特征"→"孔"→"向导"命令，或者单击"特征"工具栏中的"异型孔向导"图标按钮⚙，此时系统弹出如图 4-84 所示"孔规格"属性管理器。按照图示进行设置后，单击"位置"按钮，然后用光标在上一步设置的基准面上添加一个点，并标注点的位置，结果如图 4-85 所示。单击属性管理器中的"确定"图标✓，完成螺纹孔的绘制。

30 设置视图方向。单击"标准视图"工具栏中的"等轴测"图标🔲，将视图以等轴测方向显示，结果如图 4-86 所示。

图 4-81　"孔规格"属性管理器　　　图 4-82　标注孔的位置　　　图 4-83　添加的杜形沉头孔

图 4-84 "孔规格"属性管理器

31 显示临时轴。在菜单栏中选择"视图"→"临时轴"命令，显示视图中的临时轴，结果如图 4-87 所示。

32 圆周阵列螺纹孔。在菜单栏中选择"工具"→"阵列/镜像"→"圆周阵列"命令，或者单击"特征"工具栏中的"圆周阵列"图标按钮🕂，此时系统弹出如图 4-88 所示的"圆周阵列"属性管理器。在"阵列轴"一栏中，用光标选择图 4-87 中的临时轴 1；在"要阵列的特征"一栏中，用光标选择第 **29** 步添加的螺纹孔，即图 4-86 中的螺纹孔。按照图示进行设置后，单击属性管理器中的"确定"按钮图标✅，结果如图 4-89 所示。

图 4-85　标注孔的位置　　　　　　　　　　图 4-86　添加的螺纹孔

（33）绘制轴套另一端螺纹孔。重复步骤（28）～（32），绘制轴套另一端的螺纹孔，规格为 M10。

图 4-87　显示临时轴的图形　　图 4-88　"圆周阵列"属性管理器　　图 4-89　圆周阵列的螺纹孔

（34）隐藏临时轴。在菜单栏中选择"视图"→"临时轴"命令，隐藏视图中的临时轴。结果如图 4-90 所示。

（35）圆角处理。在菜单栏中选择"插入"→"特征"→"圆角"命令，或者单击"特征"工具栏中的"圆角"图标按钮🔘，此时系统弹出如图 4-91 所示"圆角"属性管理器。在"半径"一栏中输入 20mm，在"边线、面、特征和环"一栏中用光标选择图 4-90 中底座的 4 条竖直边线。单击属性管理器中的"确定"按钮图标✅，结果如图 4-92 所示。

（36）设置视图方向。单击"视图"工具栏中的"旋转视图"图标🔁，将视图以合适的方向显示，结果如图 4-93 所示。基座绘制完毕，此时基座的"FeatureManager 设计树"如图 4-94 所示。

图 4-90　隐藏临时轴的图形　　图 4-91　"圆角"属性管理器　　　图 4-92　圆角的图形

图 4-93　绘制的基座　　　　　　图 4-94　基座"FeatureManager 设计树"

4.7　上机操作

通过前面的学习，读者对本章知识也有了大体的了解，本节通过操作练习使读者进一步掌握本章知识要点。

操作提示：

（1）生叶轮实体。草图尺寸如图 4-96a 所示；旋转凸台特征如图 4-96b 所示。

（2）创建叶片。产生基准面 1（平行于前视基准面，偏移距离 100mm）；在基准面 1 绘制草图如图 4-97a 所示；拉伸凸台，模式设为成形到一面，如图 4-97b 所示。

图 4-95 叶轮

a)

b)

图 4-96

图 4-97

（3）切削叶片。在右视平面绘制草图如图 4-98a 所示；产生拉伸切除特征如图 4-98b 所示。

（4）圆周阵列。将叶片进行圆周阵列，如图 4-99 所示。

a)

b)

图 4-98

图 4-99 圆周阵列实体形状

（5）切削叶轮。选取实体底面绘制草图如图 4-100a 所示；拉伸切除，模式为完全贯穿，如图 4-100b 所示。

a)

b)

图 4-100

（6）产生叶轮底座与中心孔。选取实体底面绘制草图如图 4-101a 所示；拉伸凸台高度为 10mm；如图 4-101b 所示。绘制草图如图 4-102a 所示；拉伸切除，模式为完全贯穿，如图 4-102b 所示。

（7）倒圆角，如图 4-103 所示。

a）   b）

图　4-101

a）   b）

图　4-102   图 4-103　倒圆角

第5章 辅助特征工具

导读

在复杂的建模过程中，单一的特征命令有时不能完成相应的建模，需要利用辅助平面和辅助直线等手段来完成模型的绘制。这些辅助手段就是参考几何体，SolidWorks 提供了实际建模过程中需要的参考几何体。

查询功能主要是查询所建模型的表面积、体积及质量等相关信息，计算设计零部件的结构强度、安全因子等。

学 习 要 点

◎ 查询

◎ 零件的特征管理

◎ 零件的显示

5.1 查询

　　查询功能主要是查询所建模型的表面积、体积及质量等相关信息，计算设计零部件的结构强度、安全因子等。SolidWorks 提供了 3 种查询功能，分别是：测量、质量属性与截面属性。

　　查询功能图标命令按钮位于"工具"工具栏中，如图 5-1 所示。

图 5-1　"工具"工具栏

5.1.1　测量

　　测量功能可以测量草图、三维模型、装配体或者工程图中直线、点、曲面、基准面的距离、角度、半径和大小，以及它们之间的距离、角度、半径或尺寸。当测量两个实体之间的距离时，delta X、Y 和 Z 的距离会显示出来。当选择一个顶点或草图点时，会显示其 X、Y 和 Z 坐标值。

　　下面通过实例介绍测量点坐标、测量距离、测量面积与周长的操作步骤。

　　【例 5-1】测量点坐标主要测量草图中的点、模型中的顶点坐标。下面通过实例介绍测量点坐标的操作步骤。

光盘\参考视频\第 5 章\例 5-1.avi

　　01 新建零件，绘制如图 5-2 所示的图形。

　　02 执行测量命令。在菜单栏中选择"工具"→"测量"命令，或者单击"工具"工具栏中的"测量"图标按钮，此时系统弹出如图 5-3 所示的"测量"属性管理器。

　　03 选择测量点。单击图 5-2 中的点 1，则"测量"属性管理器中便会显示该点的坐标值。

图 5-2　拉伸的图形

图 5-3　"测量"属性管理器

【例 5-2】测量距离主要用来测量两点、两条边和两面之间的距离。下面通过实例介绍测量距离的操作步骤。

光盘\参考视频\第 5 章\例 5-2.avi

01 新建零件，绘制如图 5-2 所示的图形。

02 执行测量命令。在菜单栏中选择"工具"→"测量"命令，或者单击"工具"工具栏中的"测量"图标按钮，此时系统弹出如图 5-4 所示的"测量"属性管理器。

03 选择测量点。单击图 5-2 中的点 1 和点 2，则"测量"属性管理器中便会显示所选两点的绝对距离以及 X、Y 和 Z 坐标的差值。

【例 5-3】测量面积与周长。测量距离主要用来测量两点、两条边和两面之间的距离。

光盘\参考视频\第 5 章\例 5-3.avi

01 新建零件，绘制如图 5-2 所示的图形。

02 在菜单栏中选择"工具"→"测量"命令，或者单击"工具"工具栏中的"测量"图标按钮，此时系统弹出图 5-5 所示的"测量"属性管理器。

03 单击图 5-2 中的面 3，则"测量"属性管理器中便会显示该面的面积与周长。

图 5-4　"测量"属性管理器　　　　　　　图 5-5　"测量"属性管理器

注意： 执行"测量"命令时，可以不必关闭属性管理器而切换不同的文件。当前激活的文件名会出现在"测量"属性管理器的顶部，如果选择了已激活文件中的某一测量项目，则属性管理器中的测量信息会自动更新。

5.1.2　质量属性

质量属性功能可以测量模型实体的质量、体积、表面积与惯性矩等。

【例 5-4】下面通过实例介绍质量属性的操作步骤。

光盘\参考视频\第 5 章\例 5-4.avi

01 新建零件，绘制如图 5-2 所示的图形。

02 执行质量属性命令。在菜单栏中选择"工具"→"质量属性"命令，或者单击"工具"工具栏中的"质量属性"图标按钮 ，此时系统弹出如图 5-6 所示的"质量属性"对话框。在对话框中会自动计算出该模型实体的质量、体积、表面积与惯性矩等，模型实体的主轴和质量中心则显示在视图中，如图 5-7 所示。

03 设置密度。单击"质量属性"属性管理器中的"选项"按钮，系统弹出如图 5-8 所示的"质量/剖面属性选项"对话框，单击"使用自定义设定"复选框，在"材料属性"的"密度"一栏中可以设置模型实体的密度。

注意：

在计算另一个零件质量属性时，不需要关闭"质量属性"属性管理器，选择需要计算的零部件，然后单击"重算"按钮即可。

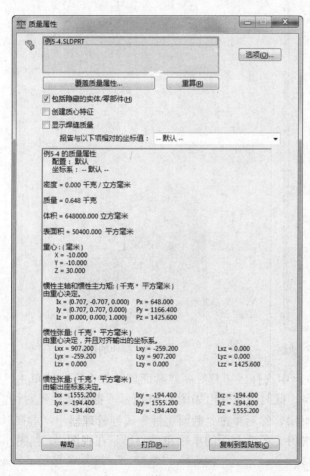

图 5-6 "质量属性"对话框

图 5-7 显示主轴和质量中心的视图

5.1.3 截面属性

截面属性可以查询草图、模型实体重平面或者剖面的某些特性,如截面面积、截面重心的坐标、在重心的面惯性矩、在重心的面惯性极力矩、位于主轴和零件轴之间的角度以及面心的二次矩等。

【例 5-5】下面通过实例介绍截面属性的操作步骤。

光盘\参考视频\第 5 章\例 5-5.avi

01 新建零件,绘制如图 5-9 所示的图形。

图 5-8 "质量/剖面属性选项"对话框

图 5-9 拉伸的图形

02 执行截面属性命令。在菜单栏中选择"工具"→"截面属性"命令,或单击"工具"工具栏中"截面属性"图标按钮 ⬛,此时系统弹出如图 5-10 所示"截面属性"对话框。

03 选择截面。单击图 5-9 中的面 1,然后单击"截面属性"属性管理器中"重算"按钮,计算结果出现在"截面属性"对话框中。所选截面的主轴和重心显示在视图中,如图 5-11 所示。

截面属性不仅可以查询单个截面的属性,还可以查询多个平行截面的联合属性。图 5-12 所示为图 5-9 的面 1 和面 2 的联合属性,图 5-13 所示为图 5-9 的面 1 和面 2 的主轴和重心的显示。

图 5-10　"截面属性"对话框

图 5-11　显示主轴和重心的图形

图 5-12　"截面属性"属性管理器

图 5-13　显示主轴和重心的图形

5.2　零件的特征管理

零件的建模过程实际上是创建和管理特征的过程。本节介绍零件的特征管理,分别是退回与插入特征、压缩与解除压缩特征、动态修改特征。

5.2.1 退回与插入特征

退回特征命令可以查看某一特征生成前后模型的状态；插入特征命令用于在某一特征之后插入新的特征。

1. 退回特征。

01 退回特征有两种方式，第一种为使用"退回控制棒"，另一种为使用快捷菜单。

02 在"FeatureManager 设计树"的最底端有一条黄黑色粗实线，该线就是"退回控制棒"。如图 5-14 所示为基座的零件图，图 5-15 所示为基座的"FeatureManager 设计树"。当将光标放置在"退回控制棒"上时，光标变为 🖑。单击鼠标左键，此时"退回控制棒"以蓝色显示，然后拖动光标到欲查看的特征上，并释放鼠标。此时基座的"FeatureManager 设计树"如图 5-16 所示，基座如图 5-17 所示。

图 5-14 绘制的基座　　　　　　　　　　图 5-15 基座"FeatureManager 设计树"

03 从如图 5-17 所示中可以看出，查看特征后的特征在零件模型上没有显示，表明该零件模型退回到该特征以前的状态。

04 退回特征可以使用快捷菜单进行操作，单击基座"FeatureManager 设计树"中的"M10 六角凹头螺钉的柱形沉头孔 1"特征，然后单击鼠标右键，此时系统弹出如图 5-18 所示的快捷菜单，在其中选择"退回"选项，此时该零件模型退回到该特征以前的状态，如图 5-17 所示。也可以在退回状态下，使用如图 5-19 所示的快捷菜单，根据需要选择需要的退回操作。

05 在图 5-19 所示的快捷菜单中，"向前推进"选项表示为退回到下一个特征；"退回到前"选项表示退回到上一退回特征状态；"退回到尾"选项表示退回到特征模型的末尾，即处于模型的原始状态。

图 5-16　退回的"FeatureManager 设计树"　　　　图 5-17　退回的零件模型

注意:

　　　　1. 当零件模型处于退回特征状态时，将无法访问该零件的工程图和基于该零件的装配图。

　2. 不能保存处于退回特征状态的零件图，在保存零件时，系统将自动释放退回状态。

　3. 在重新创建零件的模型时，处于退回状态的特征不会被考虑，即视其处于压缩状态。

图 5-18　退回快捷菜单　　　　　　　　　图 5-19　退回快捷菜单

　2. 插入特征是零件设计中一项非常实用的操作。插入特征的操作步骤如下:

01 将 "FeatureManager 设计树"中的"退回控制棒"拖到需要插入特征的位置。

02 根据设计需要生成新的特征。

03 将"退回控制棒"拖动到设计树的最后位置，完成特征插入。

5.2.2 压缩与解除压缩特征

1. 压缩特征可以从"FeatureManager 设计树"中选择需要压缩的特征,也可以从视图中选择需要压缩特征的一个面。压缩特征的方法有以下几种:

01 工具栏方式:选择要压缩的特征,然后单击"特征"工具栏中"压缩"图标按钮 。

02 菜单栏方式:选择要压缩的特征,然后在菜单栏中选择"编辑"→"压缩"→"此配置"命令。

03 快捷菜单方式:在"FeatureManager 设计树"中,选择需要压缩的特征,然后单击鼠标右键,在快捷菜单中选择"压缩"选项,如图 5-20 所示。

04 对话框方式:在"FeatureManager 设计树"中,选择需要压缩的特征,然后单击鼠标右键,在快捷菜单中选择"特征属性"选项。在弹出的"特征属性"对话框中选择"压缩"复选框,然后单击"确定"按钮,如图 5-21 所示。

图 5-20 快捷菜单　　　　　　　　　　图 5-21 "特征属性"对话框

05 特征被压缩后,在模型中不再被显示,但是并没有被删除,被压缩的特征在"FeatureManager 设计树"中以灰色显示。图 5-22 所示为基座后面 5 个特征被压缩后的基座,图 5-23 所示为压缩后的"FeatureManager 设计树"。

图 5-22 压缩特征后的基座　　　　　图 5-23 压缩后的"FeatureManager 设计树"

2．解除压缩特征。

01 菜单栏方式：选择要解除压缩的特征，然后在菜单栏中选择"编辑"→"解除压缩"→"此配置"命令。

02 快捷菜单方式：选择要解除压缩的特征，然后单击鼠标右键，在快捷菜单中选择"解除压缩"选项。

03 对话框方式：选择要解除压缩的特征，然后单击鼠标右键，在快捷菜单中选择"特征属性"选项。在弹出"特征属性"对话框中取消"压缩"复选框，然后单击"确定"按钮。

压缩的特征被解除以后，视图中将显示该特征，"FeatureManager 设计树"中该特征将以正常模式显示。

5.2.3 动态修改特征

动态修改特征可以通过拖动控标或标尺来快速生成和修改模型几何体。即动态修改特征是指系统不需要退回编辑特征的位置，直接对特征进行动态修改的命令。动态修改是通过控标移动、旋转和调整拉伸及旋转特征的大小。通过动态修改可以修改特征也可以修改草图。

1．修改草图。

【例 5-6】以法兰盘为例说明修改草图的动态修改特征的操作步骤。

光盘\参考视频\第 5 章\例 5-6.avi

01 打开随书光盘中源文件/第 5 章/例 5-6-1.SLDPRT 文件。执行命令。单击"特征"工具栏中的"Instant3D" 图标按钮 ⬙，开始动态修改特征操作。

02 选择需要修改的特征。单击"FeatureManager 设计树"中的"凸台-拉伸 1"，视图中该特征被亮显，如图 5-24 所示。同时，出现该特征的修改控标。

03 修改草图。光标移动直径为 80 的控标，屏幕出现标尺，使用屏幕上的标尺可精确测量修改，如图 5-25 所示，对草图进行修改，如图 5-26 所示。

图 5-24 选择特征的图形

图 5-25 修改草图

04 退出修改特征。单击"特征"工具栏中的"Instant3D"图标按钮 ⬎ ，退出动态修改特征操作，此时图形如图 5-27 所示。

2．修改特征。

【例 5-7】以法兰盘为例说明修改特征的动态修改特征的操作步骤。

光盘\参考视频\第 5 章\例 5-7.avi

01 打开随书光盘中源文件/第 5 章/例 5-7-1.SLDPRT 文件。执行命令。单击"特征"工具栏中的"Instant3D"图标按钮 ⬎ ，开始动态修改特征操作。

02 选择需要修改的特征。单击"FeatureManager 设计树"中的"凸台-拉伸 2"，视图中该特征被亮显，如图 5-28 所示。同时，出现该特征的修改控标。

图 5-26　修改后的草图　　　　　　　　　　图 5-27　修改后的图形

03 通过控标修改特征。拖动距离为 5 的修改光标，调整拉伸的长度，如图 5-29 所示。

04 退出修改特征。单击"特征"工具栏中的"Instant3D"图标按钮 ⬎ ，退出动态修改特征操作。此时图形如图 5-30 所示。

图 5-28　选择特征的图形　　　　图 5-29　拖动修改控标　　　　图 5-30　修改后的图形

5.3　零件的显示

零件建模时，SolidWorks 提供了默认的颜色、材质及光源等外观显示。还可以根据实际需要设置零件的颜色及透明度，使设计的零件更加接近实际情况。

5.3.1　设置零件的颜色

设置零件的颜色包括设置整个零件的颜色属性、设置所选特征的颜色属性以及设置所选面的颜色属性。

1. 设置零件的颜色属性。

【例 5-8】以带轮为例，说明设置零件的颜色属性的操作步骤。

光盘\参考视频\第 5 章\例 5-8.avi

01 打开随书光盘中源文件/第 5 章/带轮.SLDPRT 文件。执行命令。右键单击 "FeatureManager 设计树" 中的文件名称 "带轮"，在弹出的快捷菜单中选择 "外观" → "外观" 选项，如图 5-31 所示。

02 设置 "外观" 属性管理器。系统弹出如图 5-32 所示的 "颜色" 属性管理器，在 "颜色" 一栏中选择需要的颜色，然后单击属性管理器中的 "确定" 按钮图标✔。此时整个零件以设置的颜色显示。

图 5-31　设置颜色快捷菜单　　　　图 5-32　"颜色" 属性管理器

2. 设置所选特征的颜色属性。

【例5-9】以带轮为例，说明设置所选特征的颜色属性的操作步骤。

光盘\参考视频\第5章\例5-9.avi

01 打开随书光盘中源文件/第 5 章/带轮.SLDPRT 文件。选择需要修改的特征。在"FeatureManager 设计树"中选择需要改变颜色的特征，可以按 Ctrl 键选择多个特征。

02 执行命令。右键单击所选特征，在弹出的快捷菜单中选择"外观"→"添加外观"选项，如图5-33所示。

03 设置"外观"属性管理器。系统弹出如图5-32所示的"颜色"属性管理器，在"颜色"一栏中选择需要的颜色，然后单击属性管理器中的"确定"按钮图标✓，此时零件如图5-34所示。

3．设置所选面的颜色属性。

【例5-10】以带轮为例，说明设置所选面的颜色属性的操作步骤。

光盘\参考视频\第5章\例5-10.avi

01 选择修改面。右键单击如图5-34所示中的面1，此时系统弹出如图5-35所示的快捷菜单。

02 执行命令。在快捷菜单中，单击"外观"→"颜色"选项。

03 设置属性管理器。在"颜色"一栏中选择需要的颜色，然后单击属性管理器中的"确定"按钮图标✓，零件如图5-36所示。

图5-33　设置颜色快捷菜单

图5-34　设置颜色后的图形

注意：

对于单个零件而言，设置实体颜色可以渲染实体更加接近实际情况。对于装配体而言，设置零件颜色可以使装配体具有层次感，方便观测。

图 5-35　设置颜色快捷菜单　　　　　　　　　图 5-36　设置颜色后的图形

5.3.2　设置零件的透明度

在装配体零件中，外面零件遮挡内部的零件，给零件的选择造成困难。设置零件的透明度后，可以透过透明零件选择非透明对象。

下面通过如图 5-37 所示的"传动装配体"装配文件，说明设置零件透明度的操作步骤。图 5-38 所示为装配体文件的"FeatureManager 设计树"。

1. 执行命令。右键单击"FeatureManager 设计树"中的文件名称"基座<1>"，或者右键单击视图中的基座 1，系统弹出如图 5-39 所示的快捷菜单，在"零部件（基座）"一栏中选择"外观" 🔵▾选项。

图 5-37　传动装配体　　　图 5-38　"FeatureManager 设计树"　　　图 5-39　设置透明度快捷菜单

2．设置透明度。系统弹出如图 5-40 所示的"颜色"属性管理器，在属性管理器的"高级"标签"照明度"栏中，调节所选零件的透明度。

3．确认设置的透明度。单击属性管理器中的"确定"按钮图标，结果如图 5-41 所示。

图 5-40　"颜色"属性管理器

图 5-41　设置透明度后的图形

第6章 曲线和曲面

导读

　　复杂和不规则的实体模型，通常是由曲线和曲面组成的，所以曲线和曲面是三维曲面实体模型建模的基础。

　　三维曲线的引入，使 SolidWorks 的三维草图绘制能力显著提高。用户可以通过三维操作命令，绘制各种三维曲线，也可以通过三维样条曲线，控制三维空间中的任何一点，从而直接控制空间草图的形状。三维草图绘制通常用于创建管路设计和线缆设计，以及作为其他复杂的三维模型的扫描路径。

　　曲面是一种可用来生成实体特征的几何体，它用来描述相连的零厚度几何体，如单一曲面、缝合的曲面、剪裁和圆角的曲面等。可以在一个单一模型中拥有多个曲面实体。SolidWorks 强大的曲面建模功能，使其广泛应用在机械设计、模具设计、消费类产品设计等领域。

学 习 要 点

◎　绘制三维草图

◎　生成曲线和曲面

◎　编辑曲面

6.1 绘制三维草图

在学习曲线生成方式之前，首先要了解三维草图的绘制，它是生成空间曲线的基础。

SolidWorks 可以直接在基准面上或者在三维空间的任意点绘制三维草图实体，绘制的三维草图可以作为扫描路径、扫描的引导线，也可以作为放样路径、放样中心线等。

【例 6-1】以绘制三维空间直线为例，说明三维草图的绘制步骤。

 光盘\参考视频\第 6 章\例 6-1.avi

01 新建零件图，设置视图方向。单击"前导工具栏"的"前导视图"工具栏中的"等轴测"图标，设置视图方向为等轴测方向。在该视图方向下，坐标 X、Y、Z 3 个方向均可见，可以比较方便地绘制三维草图。

02 执行三维草图命令。在菜单栏中选择"插入"→"3D 草图"命令，或者单击"草图"工具栏中的"3D 草图"图标按钮，进入三维草图绘制状态。

03 选择草图绘制工具。单击"草图"工具栏中需要绘制的草图工具，本例单击"直线"图标按钮，开始绘制三维空间直线，注意此时在绘图区域中出现了空间控标，如图 6-1 所示。

04 绘制草图。以原点为起点绘制草图，基准面为控标提示的基准面，方向由光标拖动决定，图 6-2 所示为在 XY 基准面上在绘制草图。

图 6-1 控标显示   图 6-2 在 XY 基准面绘制草图

05 改变绘制的基准面。上一步是在 XY 的基准面上绘制直线，当继续绘制直线时，控标会显示出来。按 Tab 键会改变绘制的基准面，依次为 XY、YZ、ZX 基准面。图 6-3 所示为在 YZ 基准面上绘制的草图。按 Tab 键依次绘制其他基准面上的草图，绘制完的三维草图如图 6-4 所示。

06 退出三维草图绘制。再次单击"草图"工具栏中的"3D 草图"图标按钮，或者在绘图区域单击鼠标右键，在弹出的快捷菜单中，单击"退出草图"选项，如图 6-5 所示，退出三维草图绘制状态。

 注意：

在绘制三维草图时，绘制的基准面要以控标显示为准，不要人为主观判断，要注意实时按 Tab 键，变换视图的基准面。

图 6-3　在 YZ 基准面绘制草图　　　　　　　图 6-4　绘制的三维草图

　　二维草图和三维草图既有相似之处，又有不同之处。在绘制三维草图时，二维草图中的所有圆工具、弧工具、矩形工具、直线、样条曲线和点等工具都可用，只有曲面上的样条曲线工具只能在三维草图上可用。在添加几何关系时，二维草图中大多数几何关系都可用于三维草图中，但是对称、阵列、等距与等长线例外。

　　对于二维草图，其绘制的草图实体是所有几何体在要绘制草图的基准面上投影，三维草图是空间实体。

　　在绘制三维草图时，除了使用系统默认的坐标系外，用户还可以定义自己的坐标系，此坐标系将同测量、质量特性等工具一起使用。

　　【例 6-2】以设置图 6-6 中 A 处的坐标系为例，说明建立坐标系步骤。

 光盘\参考视频\第 6 章\例 6-2.avi

01 新建零件图，绘制如图 6-6 所示的图形。

02 执行坐标系命令。在菜单栏中选择"插入"→"参考几何体"→"坐标系"命令，或者单击"草图"工具栏中的"坐标系"图标按钮，此时系统弹出"坐标系"属性管理器。

03 设置属性管理器。单击"坐标系"属性管理器中图标右侧的"原点"显示框，然后在图 6-6 中单击点 A，设置 A 点为新坐标系的原点；单击属性管理器中 X 轴下面的"X 轴参考方向"显示框，然后单击图 6-6 中的边线 1，设置边线 1 为 X 轴；依次设置图 6-6 中的边线 2 为 Y，边线 3 为 Z 轴，此时属性管理器如图 6-7 所示。

图 6-5　右键快捷菜单　　　　　　　　　图 6-6　添加坐标系前的图形

04 确认设置。单击属性管理器中的"确定"图标按钮，完成坐标系的设置，结果如图 6-8 所示。

> **注意：** 在设置坐标系的过程中，如果坐标轴的方向不是想要的方向，可以单击属性管理器中设置轴前面的反转方向图标 🔧 进行设置。

图 6-7　"坐标系"属性管理器　　　　图 6-8　添加坐标系后的图形

在设置坐标系时，X 轴、Y 轴和 Z 轴的参考方向可为以下实体：

> "顶点、点或者中点"：将轴向的参考方向与所选点对齐。
> "线性边线或者草图直线"：将轴向的参考方向与所选边线或者直线平行。
> "非线性边线或者草图实体"：将轴向的参考方向与所选实体上的所选位置对齐。
> "平面"：将轴向的参考方向与所选面的垂直方向对齐。

6.2　生成曲线

曲线是构建复杂实体的基本要素，生成曲线的方式主要有：投影曲线、组合曲线、螺旋线和涡状线、分割线、通过模型点的样条曲线与通过 XYZ 点的曲线等方式。

SolidWorks 提供专用的"曲线"工具栏，如图 6-9 所示。

图 6-9　"曲线"工具栏

6.2.1　投影曲线

在 SolidWorks 中投影曲线主要由两种方式生成：一种方式是将绘制的曲线投影到模型面上来生成一条三维曲线；另一种方式是首先在两个相交的基准面上分别绘制草图，此时系统会将每一个草图沿所在平面的垂直方向投影得到一个曲面，最后这两个曲面在空间中相交而生成一条三维曲线。下面分别介绍两种方式生成曲线的操作步骤。

【例 6-3】下面以实例说明利用绘制曲线投影到模型面上生成曲线的操作步骤。

光盘\参考视频\第 6 章\例 6-3.avi

01 新建零件图，设置基准面。在左侧的"FeatureManager 设计树"中，选择"前视基准面"作为绘制图形的基准面。

02 绘制样条曲线。在菜单栏中选择"工具"→"草图绘制实体"→"样条曲线"命令，或者单击"草图"工具栏中的"样条曲线"图标按钮 $\bigwedge$ ，在上一步设置的基准面上绘制一个样条曲线，结果如图 6-10 所示。

03 拉伸曲面。在菜单栏中选择"插入"→"曲面"→"拉伸曲面"命令，或者单击"曲面"工具栏中的"拉伸曲面"图标按钮 ，此时系统弹出如图 6-11 所示的"曲面－拉伸"属性管理器。

04 确认拉伸曲面。按照图示进行设置，注意设置曲面拉伸的方向。然后单击属性管理器中的"确定"图标按钮 ，完成曲面拉伸，结果如图 6-12 所示。

图 6-10　绘制的样条曲线　　　　　图 6-11　"曲面-拉伸"属性管理器

05 添加基准面。在左侧的"FeatureManager 设计树"中，选择"上视基准面"，然后在菜单栏中选择"插入"→"参考几何体"→"基准面"命令，或者单击"特征"工具栏中的"基准面"图标按钮 ，此时系统弹出如图 6-13 所示的"基准面"属性管理器。在"等距距离"一栏中输入 50mm，并调整设置基准面的方向。单击属性管理器中的"确定"图标按钮 ，添加一个新的基准面，结果如图 6-14 所示。

06 设置基准面。在左侧的"FeatureManager 设计树"中单击上一步添加的基准面，然后单击"前导视图"工具栏中的"正视于"图标 ，将该基准面作为绘制图形的基准面。

07 绘制样条曲线。单击"草图"工具栏中的"样条曲线"图标按钮 $\bigwedge$ ，绘制如图 6-15 所示的样条曲线，然后退出草图绘制状态。

08 设置视图方向。单击"前导视图"工具栏中的"等轴测"图标 ，将视图以等轴测方向显示，结果如图 6-16 所示。

图 6-12　拉伸的曲面　　　　　　　　图 6-13　"基准面"属性管理器

09 生成投影曲线。在菜单栏中选择"插入"→"曲线"→"投影曲线"命令，或者单击"曲线"工具栏中的"投影曲线"图标按钮，此时系统弹出"投影曲线"属性管理器。

图 6-14　添加的基准面　　　　　　　图 6-15　绘制的样条曲线

10 设置投影曲线。在属性管理器的"投影类型"一栏的下拉菜单中，选择"草图到面"选项；在"要投影的草图"一栏中，选择图 6-16 中的样条曲线 1；在"投影面"一栏中，选择图 6-16 中的曲面 2；在视图中观测投影曲线的方向，是否投影到曲面，勾选"反转投影"选项，使曲线投影到曲面上。设置好的属性管理器如图 6-17 所示。

图 6-16　等轴测视图　　　　　　　图 6-17　"投影曲线"属性管理器

⑪ 确认设置。单击属性管理器中的"确定"图标按钮 ✅，生成所需要的投影曲线。投影曲线及其 FeatureManager 设计树如图 6-18 所示。

图 6-18 投影曲线及 FeatureManager 设计树

【例 6-4】利用两个相交基准面上的曲线投影得到曲线，如图 6-19 所示。

光盘\参考视频\第 6 章\例 6-4.avi

⓪① 新建零件图，在两个相交的基准面上各绘制一个草图，这两个草图轮廓所隐含的拉伸曲面必须相交，才能生成投影曲线。完成后关闭每个草图。

⓪② 按住 Ctrl 键选取这两个草图。

⓪③ 单击"曲线"工具栏中的"投影曲线" 图标按钮 🔟，或在菜单栏中选择"插入"→"曲线"→"投影曲线"命令。如果曲线工具栏没有打开，可以选择"视图"→"工具栏"→"曲线"命令将其打开。

⓪④ 在"投影曲线"属性管理器中的显示框中显示要投影的两个草图名称，同时在图形区域中显示所得到的投影曲线，如图 6-20 所示。

图 6-19 投影曲线   图 6-20 "投影曲线"属性管理器

⓪⑤ 单击 ✅ 按钮，生成投影曲线。投影曲线在特征管理器设计树中以图标 🔟 表示。

注意:

　　如果在执行投影曲线命令之前，事先选择了生成投影曲线的草图选项，则在执行投影曲线命令后，属性管理器中会自动选择合适的投影类型。

6.2.2　组合曲线

【例 6-5】SolidWorks 可以将多段相互连接的曲线或模型边线组合成为一条曲线。

光盘\参考视频\第 6 章\例 6-5.avi

01 打开随书光盘中/源文件/第 6 章/例 6-5-1 文件。

02 单击"曲线"工具栏中的"组合曲线" 图标按钮，或在菜单栏中选择"插入"→"曲线"→"组合曲线"命令。

03 在图形区域中选择要组合的曲线、直线或模型边线（这些线段必须连续），则所选项目在"组合曲线"属性管理器中的"要连接的实体"栏中的显示框中显示出来，如图 6-21 所示。

图 6-21　"组合曲线"属性管理器

04 单击 ✔ 按钮，生成组合曲线。

注意： 生成组合曲线时，所选择的曲线必须是连续的，因为所选择的曲线要生成一条曲线，而且生成的组合曲线可以是开环的，也可以是闭合的。

6.2.3　螺旋线和涡状线

螺旋线和涡状线通常用在绘制螺纹、弹簧、发条等零部件中。图 6-22 显示了这两种曲线的状态。

图 6-22　螺旋线（左）和涡状线（右）

要生成一条螺旋线，可作如下操作：

1. 单击"草图"工具栏中的"草图绘制"图标按钮，打开一个草图并绘制一个圆。

此圆的直径控制螺旋线的直径。

2．单击"曲线"工具栏中的"螺旋线"图标按钮 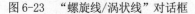，或在菜单栏中选择"插入"→"曲线"→"螺旋线/涡状线"命令。

3．在出现的"螺旋线/涡状线"属性管理器（图 6-23）中的"定义方式"下拉列表框中选择一种螺旋线的定义方式。

> "螺距和圈数"：指定螺距和圈数。
> "高度和圈数"：指定螺旋线的总高度和圈数。
> "高度和螺距"：指定螺旋线的总高度和螺距。

4．根据步骤 3 中指定的螺旋线定义方式指定螺旋线的参数。

5．如果要制作锥形螺旋线，则选择"锥形螺旋线"复选框并指定锥形角度以及锥度方向（向外扩张或向内扩张）。

6．"起始角度"微调框中指定第一圈的螺旋线的起始角度。

7．如果选择"反向"复选框，则螺旋线将由原来的点向另一个方向延伸。

8．单击"顺时针"或"逆时针"单选按钮，以决定螺旋线的旋转方向。

9．单击 ✔ 按钮，生成螺旋线。

要生成一条涡状线，可作如下操作：

1．单击"草图"工具栏中的"草图绘制"图标按钮 ，打开一个草图并绘制一个圆。此圆的直径作为起点处涡状线的直径。

2．单击"曲线"工具栏中的"螺旋线"按钮 ，或选择"插入"→"曲线"→"螺旋线/涡状线"命令。

3．在出现的"螺旋线/涡状线"属性管理器中的"定义方式"下拉列表框中选择"涡状线"，如图 6-24 所示。

图 6-23　"螺旋线/涡状线"对话框　　　　　图 6-24　定义涡状线

4．在对应的"螺距"微调框和"圈数"微调框中指定螺距和圈数。

5. 如果选择"反向"复选框，则生成一个内张的涡状线。

6. 在"起始角度"微调框中指定涡状线的起始位置。

7. 单击"顺时针"或"逆时针"单选按钮，以决定涡状线的旋转方向。

8. 单击 ✔ 按钮，生成涡状线。

6.2.4 分割线

分割线工具将草图投影到曲面或平面上，它可以将所选的面分割为多个分离的面，从而可以选择操作其中一个分离面，也可将草图投影到曲面实体生成分割线。生成分割线有以下几种方式：

➤ "投影"：将一条草图线投影到一表面上生成分割线。

➤ "侧影轮廓线"：在一个圆柱形零件上生成一条分割线。

➤ "交叉"：以交叉实体、曲面、面、基准面、或曲面样条曲线分割面。

【例 6-6】下面以实例说明以投影方式生成分割线的操作步骤，其他方式不再赘述。

 光盘\参考视频\第 6 章\例 6-6.avi

01 新建零件图，设置基准面。在左侧的"FeatureManager 设计树"中，选择"前视基准面"作为绘制图形的基准面。

02 绘制草图。单击"草图"工具栏中的"边角矩形"图标按钮 ☐ ，在上一步设置的基准面上绘制一个圆，然后单击"草图"工具栏中的"智能尺寸"图标按钮 ✧ ，标注绘制矩形的尺寸，结果如图 6-25 所示。

03 拉伸实体。在菜单栏中选择"插入"→"凸台/基体"→"拉伸"命令，此时系统弹出如图 6-26 所示的"凸台-拉伸"属性管理器。在"终止条件"一栏的下拉菜单中，选择"给定深度"选项；在"深度" ⟨ᴅɪ 一栏中输入 60mm，单击属性管理器中的"确定"图标按钮 ✔ ，结果如图 6-27 所示。

04 添加基准面。在菜单栏中选择"插入"→"参考几何体"→"基准面"命令，或者单击"特征"工具栏中的"基准面"图标按钮 ◈ ，系统弹出如图 6-28 所示的"基准面"属性管理器。在"选择"一栏中，选择视图中的面 1；在"偏移距离" ▯ 一栏中输入 30mm，并调整基准面的方向。单击属性管理器中的"确定"图标按钮 ✔ ，添加一个新的基准面，结果如图 6-29 所示。

05 设置基准面。单击上一步添加的基准面，然后单击"前导视图"工具栏中的"正视于"图标 ↧ ，将该基准面作为绘制图形的基准面。

06 绘制样条曲线。在菜单栏中选择"工具"→"草图绘制实体"→"样条曲线"命令，在上一步设置的基准面上绘制一个样条曲线，结果如图 6-30 所示，然后退出草图绘制状态。

图 6-25 标注的矩形

图 6-26 "拉伸"属性管理器

图 6-27 拉伸的图形

图 6-28 "基准面"属性管理器

图 6-29 添加基准面后的图形

图 6-30 绘制的样条曲线

07 设置视图方向。单击"前导视图"工具栏中的"等轴测"图标，将视图以等轴测方向显示，结果如图 6-31 所示。

08 执行分割线命令。在菜单栏中选择"插入"→"曲线"→"分割线"命令，或者单击"曲线"工具栏中的"分割线"图标按钮，此时系统弹出"分割线"属性管理器。

09 设置属性管理器。在属性管理器中的"分割类型"一栏中，点选"投影"选项；在"要投影的草图"一栏中选择图 6-31 中的草图 2，在"要分割的面"一栏中，选择图 6-31 中的面 1，其他设置参考图 6-32 所示。

10 确认设置。单击属性管理器中的"确定"图标按钮，生成所需要的分割线。生成的分割线及其 FeatureManager 设计树如图 6-33 所示。

注意：
在使用投影方式绘制投影草图时，绘制的草图在投影面上的投影必须穿过要投影的面，否则系统会提示错误，而不能生成分割线。

图 6-31　等轴测视图　　　　　　　　　　　图 6-32　"分割线"属性管理器

图 6-33　分割线及其 FeatureManager 设计树

6.2.5　通过参考点的曲线

通过参考点的曲线是指生成一个或者多个平面上点的曲线。

【例 6-7】下面介绍通过图 6-34 中参考点生成曲线的操作步骤。

光盘\参考视频\第 6 章\例 6-7.avi

01 打开随书光盘中源文件/第 6 章/例 6-7-1 文件。

02 执行通过参考点的曲线命令。在菜单栏中选择"插入"→"曲线"→"通过参考点的曲线"命令，或者单击"曲线"工具栏中的"通过参考点的曲线"图标按钮，此时系统弹出"通过参考点的曲线"属性管理器。

03 设置属性管理器。在属性管理器中的"参考点"一栏中，依次选择图 6-34 中的点，其他设置如图 6-35 所示。

04 确认设置。单击属性管理器中的"确定"图标按钮，生成通过参考点的曲线。

生成曲线后的图形如图 6-36 所示。

图 6-34　待生成曲线的图　　图 6-35　"通过参考点的曲线"属性管理器　　图 6-36　生成曲线后的图形

　　在生成通过参考点的曲线时，系统默认生成的为开环曲线，如图 6-37 所示。如果勾选"通过参考点的曲线"属性管理器中的"闭环曲线"复选框，则执行命令后，会自动生成闭环曲线，如图 6-38 所示。

图 6-37　通过参考点的开环曲线　　　　图 6-38　通过参考点的闭环曲线

6.2.6　通过 XYZ 点的曲线

　　通过 XYZ 点的曲线是指生成通过用户定义的点的样条曲线。在 SolidWorks 中既可以自定义样条曲线通过的点，也可以利用点坐标文件生成样条曲线。

　　【例 6-8】下面介绍通过 XYZ 点的曲线操作步骤。

光盘\参考视频\第 6 章\例 6-8.avi

　01　新建零件图，执行通过 XYZ 点的曲线命令。在菜单栏中选择"插入"→"曲线"→"通过 XYZ 点的曲线"命令，或者单击"曲线"工具栏中的"通过 XYZ 的曲线"图标按钮 ，此时系统弹出如图 6-39 所示的"曲线文件"对话框。

　02　输入坐标值。双击 X、Y 和 Z 坐标列各单元格并在每个单元格中输入一个点坐标。

　03　增加一个新行。在最后一行的单元格中双击时，系统会自动增加一个新行。

　04　插入一个新行。如果要在一行的上面插入一个新行，只要单击该行，然后单击"曲线文件"对话框中的"插入"按钮即可。

　05　删除行。如果要删除某一行的坐标，单击该行，然后按 Delete 键即可。

06 保存曲线文件。设置好的曲线文件可以保存下来，单击"曲线文件"对话框中的"保存"或者"另存为"按钮，系统弹出如图 6-40 所示的"另存为"对话框，然后选择合适的路径，输入文件名称，最后单击"保存"按钮即可。

图 6-39 "曲线文件"对话框   图 6-40 "另存为"对话框

07 生成曲线。图 6-41 所示为一个设置好的"曲线文件"对话框，然后单击对话框中的"确定"按钮，即可生成需要的曲线。

保存曲线文件时，SolidWorks 默认文件的扩展名称为*.sldcrv，如果没有指定扩展名，SolidWorks 应用程序会自动添加扩展名.sldcrv。

在 SolidWorks 中除了在"曲线文件"中输入坐标来定义曲线外，还可以通过文本编辑器、Excel 等应用程序生成坐标文件，将其保存为*.txt 文件，然后导入系统即可。

图 6-41 设置的"曲线文件"对话框

注意： 在使用文本编辑器、Excel 等应用程序生成坐标文件时，文件中必须只包含坐标数据，而不能是 X、Y 或 Z 的标号及其他无关数据。

【例 6-9】下面介绍通过导入坐标文件生成曲线的操作步骤。

光盘\参考视频\第 6 章\例 6-9.avi

01 新建零件图。执行通过 XYZ 点的曲线命令。在菜单栏中选择"插入"→"曲线"→"通过 XYZ 点的曲线"命令，或者单击"曲线"工具栏中的"通过 XYZ 的曲线"图标按钮，此时系统弹出如图 6-39 所示的"曲线文件"对话框。

02 查找坐标文件。单击"曲线文件"对话框中的"浏览"按钮，此时系统弹出"打开"对话框，查找需要输入的文件名称，如图 6-42 所示，然后单击"打开"按钮。

图 6-42 "打开"对话框

03 编辑坐标。插入文件后，文件名称显示在"曲线文件"对话框中，并且在视图区域中可以预览显示效果，如图 6-43 所示。双击其中的坐标可以修改坐标值，直到满意为止。

图 6-43 插入的文件及其预览效果

04 生成的曲线。单击"曲线文件"对话框中"确定"图标按钮，生成需要的曲线。

6.3 生成曲面

曲面是一种可用来生成实体特征的几何体，如单一曲面，圆角曲面等。一个零件中可以有多个曲面实体。

　　SolidWorks 提供了专门的曲面工具栏，如图 6-44 所示。利用该工具栏中的图标按钮既可以对生成曲面，也可以对曲面进行编辑。

图 6-44　"曲面"工具栏

SolidWorks 提供多种方式来生成曲面，主要有以下几种：

➢　由草图或基准面上的一组闭环边线插入一个平面。

➢　由草图拉伸、旋转、扫描或者放样生成曲面。

➢　由现有面或者曲面生成等距曲面。

➢　从其他程序输入曲面文件，如 CATIA、ACIS、Pro/ENGINEER、Unigraphics、SolidEdge、Autodesk Inventor 等。

➢　由多个曲面组合成新的曲面。

6.3.1　拉伸曲面

　　【例 6-10】要拉伸曲面，可作如下操作：

　光盘\参考视频\第 6 章\例 6-10.avi

　　01　新建零件图。设置基准面。在左侧的"FeatureManager 设计树"中，选择"前视基准面"作为绘制图形的基准面。单击"草图"工具栏中的"草图绘制"图标按钮，打开一个草图并绘制曲面轮廓。

　　02　单击"曲面"工具栏中的"拉伸曲面"图标按钮，或在菜单栏中选择"插入"→"曲面"→"拉伸曲面"命令。

　　03　此时出现"曲面－拉伸"属性管理器，如图 6-45 所示。

图 6-45　"曲面－拉伸"属性管理器

04 在"方向 1"栏中的终止条件下拉列表框中选择拉伸的终止条件:

➤ "给定深度":从草图的基准面拉伸特征到指定的距离平移处以生成特征

➤ "成形到一顶点":从草图基准面拉伸特征到模型的一个顶点所在的平面以生成特征,这个平面平行于草图基准面且穿越指定的顶点。

➤ "成形到一面":从草图的基准面拉伸特征到所选的曲面以生成特征。

➤ "到离指定面指定的距离":从草图的基准面拉伸特征到距某面或曲面特定距离处以生成特征。

➤ "两侧对称":从草图基准面向两个方向对称拉伸特征。

05 在右面的图形区域中检查预览。单击反向按钮，可向另一个方向拉伸。

06 在微调框中设置拉伸的深度。

07 如有必要,选择"方向 2"复选框,将拉伸应用到第二个方向。

08 单击✔按钮,完成拉伸曲面的生成。

6.3.2 旋转曲面

【例 6-11】要旋转曲面,可作如下操作:

光盘\参考视频\第 6 章\例 6-11.avi

01 新建零件。设置基准面。在左侧的"FeatureManager 设计树"中,选择"前视基准面"作为绘制图形的基准面。单击"草图"工具栏中的"草图绘制"图标按钮，打开一个草图并绘制曲面轮廓以及它将绕着旋转的中心线。

02 单击"曲面"工具栏中的"旋转曲面"图标按钮，或在菜单栏中选择"插入"→"曲面"→"旋转曲面"命令。

03 此时出现"曲面－旋转"属性管理器,同时在右面的图形区域中显示生成的旋转曲面,如图 6-46 所示。

图 6-46 "曲面－旋转"属性管理器

04 勾选"方向 1"可以使草图向一个方向旋转指定的角度，如果想要向相反的方向旋转，请单击反向按钮 。勾选"方向 2"可以使草图会以所在平面为中面分别向两个方向旋转指定的角度，这两个角度可以分别指定。

05 在 草图 微调框中指定旋转角度。

06 单击 ✔ 按钮，生成旋转曲面。

> **注意：** 生成旋转曲面时，绘制的样条曲线可以和中心线交叉，但是不能穿越。

6.3.3 扫描曲面

扫描曲面的方法同扫描特征的生成方法十分类似，也可以通过引导线扫描。在扫描曲面中最重要的一点，就是引导线的端点必须贯穿轮廓图元。通常必须产生一个几何关系，强迫引导线贯穿轮廓曲线。

【例 6-12】要扫描生成曲面，可作如下操作：

> 光盘路径　光盘\参考视频\第 6 章\例 6-12.avi

01 根据需要建立基准面，并绘制扫描轮廓和扫描路径。如果需要沿引导线扫描曲面，还要绘制引导线。

如果要沿引导线扫描曲面，需要在引导线与轮廓之间建立重合或穿透几何关系。

02 单击"曲面"工具栏中的"扫描曲面"图标按钮 ⟟，或在菜单栏中选择"插入"→"曲面"→"扫描"命令。

03 在"曲面－扫描"属性管理器中，单击 ⟟ 图标（最上面的）右侧的显示框，然后在图形区域中选择轮廓草图，则所选草图出现在该框中。

04 单击 ⟟ 图标右侧的显示框，然后在图形区域中选择路径草图，则所选路径草图出现在该框中。此时，在图形区域中可以预览扫描曲面的效果，如图 6-47 所示。

图 6-47　预览扫描曲面效果

05 在"方向/扭转类型"下拉列表框中，选择以下选项：

➢ "随路径变化"：草图轮廓随着路径的变化变换方向，其法线与路径相切。

➢ "保持法向不变"：草图轮廓保持法线方向不变。

> "随路径和第一条引导线变化"：如果引导线不只一条，选择该项将使扫描随第一条引导线变化。

> "随第一条和第二条引导线变化"：如果引导线不只一条，选择该项将使扫描随第一条和第二条引导线同时变化。

06 如果需要沿引导线扫描曲面，激活"引导线"栏。然后在图形区域中选择引导线。

07 单击 ✔ 按钮，生成扫描曲面。

注意：

　　　　在使用引导线扫描曲面时，引导线必须贯穿轮廓草图，通常需要在引导线和轮廓草图之间建立重合和穿透几何关系。

6.3.4 放样曲面

放样曲面是通过曲线之间进行过渡而生成曲面的方法。

【例 6-13】要放样曲面，可作如下操作：

光盘\参考视频\第 6 章\例 6-13.avi

01 在一个基准面上绘制放样的轮廓。

02 建立另一个基准面，并在上面绘制另一个放样轮廓。这两个基准面不一定平行。

03 如有必要还可以生成引导线来控制放样曲面的形状。

04 单击"曲面"工具栏中的"放样曲面"图标按钮 🔱，或在菜单栏中选择"插入"→"曲面"→"放样曲面"命令。

05 在"曲面－放样"属性管理器中，单击 ⬡ 图标右侧的显示框，然后在图形区域中按顺序选择轮廓草图，则所选草图出现在该框中。在右面的图形区域中显示生成的放样曲面，如图 6-48 所示。

06 单击上移按钮 ⬆ 或下移按钮 ⬇ 来改变轮廓的顺序。此项操作只针对两个轮廓以上的放样特征。

07 如果要在放样的开始和结束处控制相切，则设置"起始处/结束处相切"选项。

> "无"：不应用相切。

> "垂直于轮廓"：放样在起始和终止处与轮廓的草图基准面垂直。

> "方向向量"：放样与所选的边线或轴相切，或与所选基准面的法线相切。

08 如果要使用引导线控制放样曲面，在"引导线"一栏中单击 ⬡ 图标右侧的显示框，然后在图形区域中选择引导线。

09 单击 ✔ 按钮，完成放样。

注意：

　　　　1.　放样曲面时，轮廓曲线的基准面不一定要平行。

2.　放样曲面时，可以应用引导线控制放样曲面的形状，如图 6-49 所示。

图 6-48 "曲面－放样"属性管理器

图 6-49 放样曲面后的图形及其 FeatureManager 设计树

6.3.5 等距曲面

对于已经存在的曲面（不论是模型的轮廓面还是生成的曲面），都可以像等距曲线一样生成等距曲面。

【例 6-14】要生成等距曲面，可作如下操作：

光盘\参考视频\第 6 章\例 6-14.avi

01 打开随书光盘中源文件/第 6 章/6-14-1 文件。

02 单击"曲面"工具栏中的"等距曲面"图标按钮 ，或在菜单栏中选择"插入" →"曲面"→"等距曲面"命令。

03 在"等距曲面"属性管理器中，单击 图标右侧的显示框，然后在右面的图形区域选择要等距的模型面或生成的曲面。

04 在"等距参数"栏中的微调框中指定等距面之间的距离。此时在右面的图形区域中显示等距曲面的效果,如图 6-50 所示。

图 6-50　等距曲面效果

05 如果等距面的方向有误,单击反向按钮 ,反转等距方向。

06 单击 ✔ 按钮,完成等距曲面的生成。

注意:

　　　　等距曲面可以生成距离为 0 的等距曲面,用于生成一个独立的轮廓面,如图 6-51 所示。

图 6-51　等距曲面后的图形及其 FeatureManager 设计树

6.3.6　延展曲面

用户可以通过延展分割线、边线,并平行于所选基准面来生成曲面,如图 6-52 所示。延伸曲面在拆模时最常用。当零件进行模塑,产生凸、凹模之前,必须先生成模块与分模面,延展曲面就用来生成分模面。

【例 6-15】要延展曲面,可作如下操作:

光盘\参考视频\第 6 章\例 6-15.avi

01 打开随书光盘中源文件/第 6 章/6-15-1 文件。

02 单击"曲面"工具栏中的"延展曲面"图标按钮 ,或在菜单栏中选择"插入"→"曲面"→"延展曲面"命令。

03 在"延展曲面"属性管理器中,单击 图标右侧的显示框,然后在右面的图形区域中选择要延展的边线。

04 单击"延展参数"栏中的第一个显示框，然后在图形区域中选择模型面作为与延展曲面方向，如图 6-53 所示。延展方向将平行于模型面。

图 6-52 延展曲面效果   图 6-53 延展曲面

05 注意图形区域中的箭头方向（指示延展方向），如有错误，单击反向按钮。

06 在 图标右侧的微调框中指定曲面的宽度。

07 如果希望曲面继续沿零件的切面延伸，请选择"沿切面延伸"复选框。

08 单击 按钮，完成曲面的延展。

6.4 编辑曲面

缝合曲面是将相连的两个或多个面和曲面连接成一体。

6.4.1 缝合曲面

缝合曲面注意事项：

1．曲面的边线必须相邻并且不重叠。

2．要缝合的曲面不必处于同一基准面上。

3．可以选择整个曲面实体或选择一个或多个相邻曲面实体。

4．缝合曲面不吸收用于生成它们的曲面。

5．空间曲面经过剪裁、拉伸和圆角等操作后，可以自动缝合，而不需要进行缝合曲面操作。

【例 6-16】如果要将多个曲面缝合为一个曲面，可作如下操作：

   光盘\参考视频\第 6 章\例 6-16.avi

01 打开随书光盘中源文件/第 6 章/6-16-1 文件。

02 单击"曲面"工具栏中的"缝合曲面"图标按钮 ，或选择菜单栏中的"插入"
→"曲面"→"缝合曲面"命令，此时会出现如图 6-54 所示的属性管理器。在"缝合曲面"
属性管理器中单击"选择"栏中 图标右侧的显示框，然后在图形区域中选择要缝合的面，
所选项目列举在该显示框中。

03 单击 按钮，完成曲面的缝合工作，缝合后的曲面外观没有任何变化，但是多个
曲面已经可以作为一个实体来选择和操作了，如图 6-55 所示。

图 6-54 "缝合曲面"属性管理器　　　　　　图 6-55 曲面缝合工作

6.4.2 延伸曲面

延伸曲面可以在现有曲面的边缘，沿着切线方向，以直线或随曲面的弧度产生附加的曲
面。

【例 6-17】要延伸曲面，可作如下操作：

光盘\参考视频\第 6 章\例 6-17.avi

01 打开随书光盘中源文件/第 6 章/6-17-1 文件。

02 单击"曲面"工具栏中的"延伸曲面"图标按钮 ，或在菜单栏中选择"插入"
→"曲面"→"延伸曲面"命令。

03 在"延伸曲面"属性管理器中单击"拉伸的边线/面"栏中的第一个显示框，然后
在右面的图形区域中选择曲面边线或曲面。此时被选项目出现在该显示框中，如图 6-56 所示。

图 6-56　"延伸曲面"属性管理器

04 在"终止条件"一栏中的单选按钮组中选择一种延伸结束条件。

➢ "距离"：在 微调框中指定延伸曲面的距离。

➢ "成形到某一面"：延伸曲面到图形区域中选择的面。

➢ "成形到某一点"：延伸曲面到图形区域中选择的某一点。

05 在"延伸类型"一栏的单选按钮组中，选择延伸类型。

➢ "同一曲面"：沿曲面的几何体延伸曲面，如图 6-57a 所示。

➢ "线性"：沿边线相切于原来曲面来延伸曲面，如图 6-57b 所示。

06 单击 ✔ 按钮，完成曲面的延伸。如果在步骤 **02** 中选择的是曲面的边线，则系统会延伸这些边线形成的曲面；如果选择的是曲面，则曲面上所有的边线相等地延伸整个曲面。

a）　延伸类型为"同一曲面"　　　　　　　b）　延伸类型为"线性"

图 6-57　延伸类型

6.4.3　剪裁曲面

剪裁曲面主要有两种方式，第一种是将两个曲面互相剪裁，第二种是以线性图元修剪曲面。

【例 6-18】要剪裁曲面，可作如下操作：

光盘\参考视频\第 6 章\例 6-18.avi

01 打开随书光盘中源文件/第 6 章/6-18-1 文件。

02 单击"曲面"工具栏中的"剪裁曲面"图标按钮，或在菜单栏中选择"插入" →"曲面"→"剪裁"命令。

03 在"剪裁曲面"属性管理器中的"剪裁类型"单选按钮组中选择剪裁类型：

"标准剪裁"：使用曲面作为剪裁工具，在曲面相交处剪裁其他曲面。

"互相剪裁"：将两个曲面作为互相剪裁的工具。

04 如果在步骤 **03** 中选择了"标准裁剪"，则在"选择"栏中单击"剪裁工具"项目中图标右侧的显示框，然后在图形区域中选择一个曲面作为剪裁工具；单击"保留部分"项目中图标右侧的显示框，然后在图形区域中选择曲面作为保留部分。所选项目会在对应的显示框中显示，如图 6-58 所示。

图 6-58 "剪裁曲面"属性管理器

05 如果在步骤 **03** 中选择了"互相剪裁"，则在"选择"栏中单击"剪裁曲面"项目中图标右侧的显示框，然后在图形区域中选择作为剪裁曲面的至少两个相交曲面；单击"保留部分"项目中图标右侧的显示框，然后在图形区域中选择需要的区域作为保留部分（可以是多个部分），所选项目会在对应的显示框中显示，如图 6-59 所示。

06 单击按钮，完成曲面的剪裁，如图 6-60 所示。

6.4.4 填充曲面

填充曲面是指在现有模型边线、草图或者曲线定义的边界内构成带任何边数的曲面修补。

图 6-59　"剪裁类型"为互相剪裁

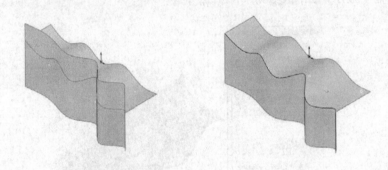

图 6-60　剪裁效果

【例 6-19】下面以图 6-61 为例说明填充曲面的操作步骤。

光盘\参考视频\第 6 章\例 6-19.avi

01 打开随书光盘中源文件/第 6 章/6-19-1 文件。

02 执行填充曲面命令。在菜单栏中选择"插入"→"曲面"→"填充曲面"命令，或者单击"曲面"工具栏中的"填充曲面"图标按钮 ，此时系统弹出"填充曲面"属性管理器。

03 设置填充曲面属性管理器。在属性管理器的"修补边界"一栏中，依次选择图 6-61 中的边线 1、边线 2、边线 3 和边线 4。其他设置如图 6-62 所示。

04 确认填充曲面。单击属性管理器中的"确定"图标按钮 ，生成填充曲面。填充曲面后的图形及其 FeatureManager 设计树如图 6-63 所示。

注意： 使用边线进行曲面填充时，所选择的边线必须是封闭的曲线。如果勾选属性管理器中的"合并结果"选项，则填充的曲面将和边线的曲面组成一个实体，否则填充的曲面为一个独立的曲面。

图 6-61   待填充曲面的图形

图 6-62   "填充曲面"属性管理器

图 6-63   填充曲面后的图形及其 FeatureManager 设计树

6.4.5   中面

中面工具可让在实体上所选合适的双对面之间生成中面。合适的双对面应该处处等距，并且必须属于同一实体。

与任何在 SolidWorks 中生成的曲面相同，中面包括所有曲面的属性。中面通常有以下几种情况：

> ➢ "单个": 从视图区域中选择单个等距面生成中面。
> ➢ "多个": 从视图区域中选择多个等距面生成中面。
> ➢ "所有": 单击"中间面"属性管理器中的"查找双对面"按钮, 让系统选择模型
> 上所有合适的等距面, 用于生成所有等距面的中面。

【例 6-20】下面以图 6-64 为例说明中面的操作步骤。

光盘\参考视频\第 6 章\例 6-20.avi

01 打开随书光盘中源文件/第 6 章/6-20-1 文件。

02 执行中面命令。在菜单栏中选择"插入"→"曲面"→"中面"命令, 或者单击"曲面"工具栏中的"中面"图标按钮, 此时系统弹出"中间面"属性管理器。

03 设置中面属性管理器。在属性管理器的"面 1"一栏中, 选择图 6-64 中的面 1; 在"面 2"一栏中, 选择图 6-64 中的面 2; 在"定位"一栏中, 输入 50%。其他设置如图 6-65 所示。

图 6-64 待生成中面的图形　　　　图 6-65 "中间面"属性管理器

04 确认中面。单击属性管理器中的"确定"图标按钮, 生成中面。

注意:
生成中面的定位值, 是从面 1 的位置开始, 位于面 1 和面 2 之间。

生成中面后的图形及其 FeatureManager 设计树如图 6-66 所示。

图 6-66　生成中面后的图形及其 FeatureManager 设计树

6.4.6　替换面

替换面是指以新曲面实体来替换曲面或者实体中的面。替换曲面实体不必与旧的面具有相同的边界。在替换面时，原来实体中的相邻面自动延伸并剪裁到替换曲面实体。

在上面的几种情况中，比较常用的是用一曲面实体替换另一个曲面实体中的一个面。

【例 6-21】下面将以图 6-67 为例说明该替换面的操作步骤。

光盘\参考视频\第 6 章\例 6-21.avi

01 打开随书光盘中源文件/第 6 章/6-21-1 文件。

02 执行替换面命令。在菜单栏中选择"插入"→"面"→"替换面"命令，或者单击"曲面"工具栏中的"替换面"图标按钮 ，此时系统弹出"替换面"属性管理器。

03 设置替换面属性管理器。在属性管理器的"替换的目标面"一栏中，选择图 6-67 中的面 2；在"替换曲面"一栏中，选择图 6-67 中的曲面 1，此时属性管理器如图 6-68 所示。

图 6-67　待生成替换的图形

图 6-68　"替换面"属性管理器

04 确认替换面。单击属性管理器中的"确定"图标按钮 ，生成替换面，结果如图 6-69 所示。

05 隐藏替换的目标面。右键单击图 6-69 中的曲面 1，在系统弹出的快捷菜单中选择 "隐藏" 选项，如图 6-70 所示。

隐藏目标面后的图形及其 FeatureManager 设计树如图 6-71 所示。

图 6-69　生成的替换面

图 6-70　右键快捷菜单

图 6-71　隐藏目标面后的图形及其 FeatureManager 设计树

在替换面中，替换的面有两个特点：一是必须替换必须相联；二是不必相切。替换曲面实体可以是以下几种类型之一：

（1）可以是任何类型的曲面特征，如拉伸、放样等。

（2）可以是缝合曲面实体或者复杂的输入曲面实体。

（3）通常比正替换的面要宽和长。然而，在某些情况下，当替换曲面实体比要替换的面要小的时候，替换曲面实体会自动延伸以与相邻面相遇。

注意: 确认替换曲面实体比正替换的面要宽和长。

6.4.7　删除面

可以从曲面实体中删除一个面，并能对实体中的面进行删除和自动修补。

【例 6-22】要从曲面实体中删除一个曲面，可作如下操作：

光盘\参考视频\第 6 章\例 6-22.avi

01 打开随书光盘中源文件/第 6 章/6-22-1 文件。

02 单击"曲面"工具栏中的"删除面"图标按钮，或在菜单栏中选择"插入"→"面"→"删除面"命令。

03 在"删除面"属性管理器中单击"选择"栏中图标右侧的显示框，然后在图形区域或特征管理器中选择要删除的面。此时，要删除的曲面在该显示框中显示，如图 6-72 所示。

图 6-72 "删除面"属性管理器

04 如果单击"删除"单选按钮，将删除所选曲面；如果单击"删除和修补"单选按钮，则在删除曲面的同时，对删除曲面后的曲面进行自动修补；如果删除"删除和填充"单选按钮，则在删除曲面的同时，对删除曲面后的曲面进行自动填充。

05 单击按钮，完成曲面的删除。

6.4.8 移动/复制/旋转曲面

用户可以像对拉伸特征、旋转特征那样对曲面特征进行移动、复制、旋转等操作。

【例 6-23】要移动/复制曲面，可作如下操作：

光盘\参考视频\第 6 章\例 6-23.avi

01 打开随书光盘中源文件/第 6 章/6-23-1 文件。

02 在菜单栏中选择"插入"→"曲面"→"移动/复制"命令。

03 单击"移动/复制实体"属性管理器最下面的"平移/旋转"按钮，切换到"平移/旋转"模式。

04 在"移动/复制实体"属性管理器中单击"要移动/复制的曲面"栏中 ⬦ 图标右侧的显示框,然后在图形区域或特征管理器设计树中选择要移动/复制的实体。

05 如果要复制曲面,则选择"复制"复选框,然后在 ⬦# 微调框中指定复制的数目。

06 单击"平移"栏中 ▢ 图标右侧的显示框,然后在图形区域中选择一条边线来定义平移方向。或者在图形区域中选择两个顶点来定义曲面移动或复制体之间的方向和距离。

07 也可以在 ΔX、ΔY、ΔZ 微调框中指定移动的距离或复制体之间的距离。此时在右面的图形区域中可以预览曲面移动或复制的效果,如图 6-73 所示。

图 6-73 "移动/复制实体"属性管理器

08 单击 ✔ 按钮,完成曲面的移动/复制。

此外还可以旋转/复制曲面,可作如下操作:

❶在菜单栏中选择"插入"→"曲面"→"移动/复制"命令。

❷在"移动/复制实体"属性管理器中单击"要移动/复制的曲面"栏中 ⬦ 图标右侧的显示框,然后在图形区域或特征管理器设计树中选择要旋转/复制的曲面。

❸如果要复制曲面,则选择"复制"复选框,然后在 ⬦# 微调框中指定复制的数目。

❹激活"旋转"选项,单击 ▢ 图标右侧的显示框,在图形区域中选择一条边线定义旋转方向。

❺或者在 ⓒx、ⓒy、ⓒz 微调框中指定原点在 X 轴、Y 轴、Z 轴方向移动的距离,然后在 ◻X、◻Y、◻Z 微调框中指定曲面绕 X、Y、Z 轴旋转的角度。此时在右面的图形区域中可以预览曲面复制/旋转的效果,如图 6-74 所示。

❻单击 ✔ 按钮,完成曲面的旋转/复制。

6.4.9 曲面切除

【例 6-24】SolidWorks 还可以利用曲面来生成对实体的切除。

图6-74 旋转曲面

光盘\参考视频\第6章\例6-24.avi

01 打开随书光盘中源文件/第6章/6-24-1文件。

02 在菜单栏中选择"插入"→"切除"→"使用曲面"命令。此时出现"曲面切除"属性管理器。

03 在图形区域或特征管理器设计树中选择切除要使用的曲面,所选曲面出现在"曲面切除参数"栏的显示框中,如图6-75a所示。

04 图形区域中箭头指示实体切除的方向。如有必要,单击反向按钮 改变切除方向。

05 单击 按钮,则实体被切除,如图6-75b所示。

06 除了这种常用的曲面编辑方法,还有圆角曲面、加厚曲面、填充曲面等多种编辑方法。它们的操作大多同特征的编辑类似。

a)"曲面切除"属性管理器　　　　　　　　　　　b)　切除效果

图6-75 曲面切除效果

6.5 综合实例——卫浴把手模型

绘制该模型的命令主要有旋转曲面、加厚、拉伸切除实体、添加基准面和圆角等。

本节绘制卫浴把手,如图6-76所示。卫浴把手模型由卫浴把手主体和手柄两部分组成。

图 6-76　卫浴把手模型

光盘\讲解视频\第 6 章\卫浴把手模型.avi

绘制卫浴把手操作流程如图 6-77 所示。

图 6-77　绘制卫浴把手的流程图

01 启动软件。在菜单栏中选择"开始"→"所有程序"→"SoildWorks 2014"命令，或者单击桌面图标 ，启动 SoildWorks 2014。

02 创建零件文件。在菜单栏中选择"文件"→"新建"命令，或者单击"标准"工具栏中的"新建"图标按钮 ，此时系统弹出如图 6-78 所示的"新建 SoildWorks 文件"对话框，在其中选择"零件"图标 ，然后单击"确定"按钮，创建一个新的零件文件。

03 保存文件。在菜单栏中选择"文件"→"保存"命令，或者单击"标准"工具栏中的"新建"图标按钮 ，此时系统弹出如图 6-79 所示"另存为"对话框。在"文件名"一栏中输入"卫浴把手"，然后单击"保存"按钮，创建一个文件名为"卫浴把手"的零件文件。

04 绘制主体部分。设置基准面。在左侧"FeatureManager 设计树"中，选择"前视基准面"，然后单击"前导视图"工具栏中的"正视于"图标 ，将该基准面作为绘制图形的基准面。

05 绘制草图。在菜单栏中选择"工具"→"草图绘制实体"→"中心线"命令，或者单击"草图"工具栏中的"中心线"图标按钮 ，绘制一条通过原点的竖直中心线，然后单击"草图"工具栏中的"直线"图标按钮 和"圆"图标按钮 ，绘制如图 6-80 所示的草图。注意绘制的直线与圆弧的左侧的点相切。

图 6-78 "新建 SolidWorks 文件"对话框

图 6-79 "另存为"对话框

06 标注尺寸。在菜单栏中选择"工具"→"标注尺寸"→"智能尺寸"命令，或者单击"尺寸/几何关系"工具栏中的"智能尺寸"图标按钮 ，标注上一步绘制的草图，结果如图 6-81 所示。

07 剪裁草图实体。在菜单栏中选择"工具"→"草图绘制工具"→"剪裁"命令，或者单击"草图"工具栏中的"剪裁实体"图标按钮 ，此时系统弹出如图 6-82 所示的"剪

裁"属性管理器。单击选择"剪裁到最近端"图标按钮 ⊥，然后将剪裁图 6-81 中的圆弧，
结果如图 6-83 所示。

图 6-80　绘制的草图

图 6-81　标注的草图

图 6-82　"剪裁"属性管理器

图 6-83　剪裁草图后的图形

08 旋转曲面。在菜单栏中选择"插入"→"曲面"→"旋转曲面"命令，或者单击
"曲面"工具栏中的"旋转曲面"图标按钮 ⊕，此时系统弹出如图 6-84 所示的"曲面-旋转"
属性管理器。在"旋转轴"一栏中，选择图 6-83 中的竖直中心线，其他设置参考图 6-84。
单击属性管理器中的"确定"图标按钮 ✔，完成曲面旋转。

09 设置视图方向。单击"前导视图"工具栏中的"旋转视图"图标 ↻，将视图以合
适的方向显示，结果如图 6-85 所示。

图 6-84　"曲面-旋转"属性管理器

图 6-85　旋转曲面后的图形

10 加厚曲面实体。在菜单栏中选择"插入"→"凸台/基体"→"加厚"命令，此时系统弹出如图 6-86 所示的"加厚"属性管理器。在"要加厚的曲面"一栏中，选择"FeatureManager 设计树"中的"曲面-旋转 1"，即第 **08** 步旋转生成的曲面实体；在"厚度"一栏中输入 6mm，其他设置参考图 6-86 所示的属性管理器。单击属性管理器中的"确定"图标按钮，将曲面实体加厚，结果如图 6-87 所示。

图 6-86 "加厚"属性管理器

图 6-87 加厚实体后的图形

11 绘制手柄。设置基准面。在左侧"FeatureManager 设计树"中，选择"前视基准面"，然后单击"前导视图"工具栏中的"正视于"图标，将该基准面作为绘制图形的基准面。

12 绘制草图。在菜单栏中选择"工具"→"草图绘制实体"→"样条曲线"命令，或者单击"草图"工具栏中的"样条曲线"图标按钮，绘制如图 6-88 所示的草图并标注尺寸，然后退出草图绘制状态。

13 设置基准面。在左侧"FeatureManager 设计树"中，选择"前视基准面"，然后单击"前导视图"工具栏中的"正视于"图标，将该基准面作为绘制图形的基准面。

14 绘制草图。单击"草图"工具栏中的"样条曲线"图标按钮，绘制如图 6-89 所示的草图并标注尺寸，然后退出草图绘制状态。

注意：

虽然上面绘制的两个草图在同一基准面上，但是不能一步操作完成，即绘制在同一草图内，因为绘制的两个草图分别作为下面放样实体的两条引导线。

图 6-88 绘制的草图

图 6-89 绘制的草图

15 设置基准面。在左侧"FeatureManager 设计树"中，选择"上视基准面"，然后单击"前导视图"工具栏中的"正视于"图标，将该基准面作为绘制图形的基准面。

16 绘制草图。单击"草图"工具栏中的"圆"图标按钮，以原点为圆心绘制直径为 70 的圆，结果如图 6-90 所示，然后退出草图绘制状态。

17 添加基准面。在菜单栏中选择"插入"→"参考几何体"→"基准面"命令，或者单击"特征"工具栏中的"基准面"图标按钮◈，此时系统弹出如图 6-91 所示的"基准面"属性管理器。在属性管理器的"选择"一栏中，选择"FeatureManager 设计树"中"右视基准面"；在"距离"一栏中⊡输入 100mm，注意添加基准面的方向。单击属性管理器中的"确定"图标按钮✓，添加一个基准面。

18 设置视图方向。单击"前导视图"工具栏中的"等轴测"图标◉，将视图以等轴测方向显示，结果如图 6-92 所示。

19 设置基准面。在左侧"FeatureManager 设计树"中，选择"基准面 1"，然后单击"前导视图"工具栏中的"正视于"图标↧，将该基准面作为绘制图形的基准面。

20 绘制草图。在菜单栏中选择"工具"→"草图绘制实体"→"矩形"命令，或者单击"草图"工具栏中的"边角矩形"图标按钮□，绘制如图 6-93 所示的草图并标注尺寸。

图 6-90 绘制的草图　　　　　　　　　图 6-91 "基准面"属性管理器

图 6-92 添加基准面后的图形

图 6-93 绘制的草图

21 添加基准面。单击"特征"工具栏中的"基准面"图标按钮◈，此时系统弹出如

图 6-94 所示的"基准面"属性管理器。在属性管理器的"选择"一栏中，选择"FeatureManager 设计树"中"右视基准面"；在"距离"一栏中🔲输入 170mm，注意添加基准面的方向。单击属性管理器中的"确定"图标按钮✅，添加一个基准面。

22 设置视图方向。单击"前导视图"工具栏中的"等轴测"图标📦，将视图以等轴测方向显示，结果如图 6-95 所示。

23 设置基准面。在左侧"FeatureManager 设计树"中，选择"基准面 2"，然后单击"前导视图"工具栏中的"正视于"图标⬇，将该基准面作为绘制图形的基准面。

24 绘制草图。单击"草图"工具栏中的"边角矩形"图标按钮⬜，绘制草图并标注尺寸，结果如图 6-96 所示。

25 设置视图方向。单击"前导视图"工具栏中的"等轴测"图标📦，将视图以等轴测方向显示，结果如图 6-97 所示。

图 6-94　"基准面"属性管理器

图 6-95　添加基准面后的图形

图 6-96　绘制的草图

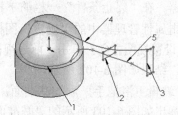

图 6-97　设置视图方向后的图形

26 放样实体。在菜单栏中选择"插入"→"凸台/基体"→"放样"命令，或者单击"特征"工具栏中的"放样凸台/基体"图标按钮👆，此时系统弹出如图 6-98 所示的"放样"属性管理器。在"轮廓"一栏中，依次选择图 6-97 中的草图 1、草图 2 和草图 3；在"引导线"一栏中，依次选择图 6-97 中的草图 4 和草图 5。单击属性管理器中的"确定"图标按钮✅，完成实体放样，结果如图 6-99 所示。

图 6-98　"放样"属性管理器

图 6-99　放样实体后的图形

27 设置基准面。在左侧"FeatureManager 设计树"中，选择"上视基准面"，然后单击"前导视图"工具栏中的"正视于"图标，将该基准面作为绘制图形的基准面。

28 绘制草图。单击单击"草图"工具栏中的"中心线"图标按钮、"3 点圆弧"图标按钮和"直线"图标按钮，绘制如图 6-100 所示的草图并标注尺寸。

图 6-100　绘制的草图

29 拉伸切除实体。在菜单栏中选择"插入"→"切除"→"拉伸"命令，或者单击"特征"工具栏中的"切除-拉伸"图标按钮，此时系统弹出如图 6-101 所示的"切除-拉伸"属性管理器。在"终止条件"一栏的下拉菜单中，选择"完全贯穿"选项，注意拉伸切除的方向。单击属性管理器中的"确定"图标按钮，完成拉伸切除实体。

30 设置视图方向。单击"前导视图"工具栏中的"等轴测"图标，将视图以等轴测方向显示，结果如图 6-102 所示。

31 编辑卫浴把手。添加基准面。单击"特征"工具栏中的"基准面"图标按钮，此时系统弹出如图 6-103 所示的"基准面"属性管理器。在属性管理器的"选择"一栏中，选择"FeatureManager 设计树"中的"上视基准面"；在"距离"一栏中输入 30mm，注意添加基准面的方向。单击属性管理器中的"确定"图标按钮，添加一个基准面，结果如图 6-104 所示。

32 设置基准面。在左侧"FeatureManager 设计树"中，选择"基准面 3"，然后单击"前导视图"工具栏中的"正视于"图标，将该基准面作为绘制图形的基准面。

33 绘制草图。单击"草图"工具栏中的"圆"图标按钮，以原点为圆心绘制直径为 45mm 的圆，结果如图 6-105 所示。

图 6-101　"切除-拉伸"属性管理器　　　图 6-102　拉伸切除实体后的图形

图 6-103　"基准面"属性管理器　　　图 6-104　添加基准面后的图形

图 6-105　绘制的草图

34 拉伸切除实体。单击"特征"工具栏中的"拉伸切除"图标按钮⚙，此时系统弹出如图 6-106 所示的"切除-拉伸"属性管理器。在"终止条件"一栏的下拉菜单中，选择"完全贯穿"选项，注意拉伸切除的方向。单击属性管理器中的"确定"图标按钮✔，完成拉伸切除实体。

35 设置视图方向。单击"前导视图"工具栏中的"等轴测"图标⬢，将视图以等轴测方向显示，结果如图 6-107 所示。

图 6-106 "切除-拉伸"属性管理器   图 6-107 拉伸切除后的图形

36 设置基准面。在左侧"FeatureManager 设计树"中，选择"基准面 3"，然后单击"前导视图"工具栏中的"正视于"图标 ，将该基准面作为绘制图形的基准面。

37 绘制草图。单击"草图"工具栏中的"圆"图标按钮 ，以原点为圆心绘制直径为30 的圆，结果如图 6-108 所示。

38 拉伸切除实体。单击"特征"工具栏中的"拉伸切除"图标按钮 ，此时系统弹出"切除-拉伸"属性管理器。输入拉伸距离为 5。单击属性管理器中的"确定"图标按钮 ，完成拉伸切除实体。

注意： 进行拉伸切除实体时，一定要注意调节拉伸切除的方向，否则系统会提示，所进行的切除不与模型相交，或者切除的实体与所需要的切除相反。

39 设置视图方向。单击"前导视图"工具栏中的"等轴测"图标 ，将视图以等轴测方向显示，结果如图 6-109 所示。

图 6-108 绘制的草图   图 6-109 设置视图方向后的图形

40 圆角实体。在菜单栏中选择"插入"→"特征"→"圆角"命令，或者单击"特征"工具栏中的"圆角"图标按钮 ，此时系统弹出如图 6-110 所示的"圆角"属性管理器。在"圆角类型"一栏中，点选"等半径"选项；在"半径"一栏中 输入 10mm；在"边线、面、特征和环"一栏中，选择图 6-109 中的边线 1 和边线 2。单击属性管理器中的"确定"图标按钮 ，完成圆角实体，结果如图 6-111 所示。

图 6-110 "圆角"属性管理器　　　　图 6-111　圆角实体后的图形

41 圆角实体。重复步骤 **40**，将图 6-109 中的边线 3 圆角半径为 2 的圆角，结果如图 6-112 所示。

42 设置视图方向。设置视图方向。单击"前导视图"工具栏中的"旋转视图"图标 ，将视图以合适的方向显示，结果如图 6-113 所示。

图 6-112　圆角实体后的图形　　　　图 6-113　设置视图方向后的图形

43 倒角实体。在菜单栏中选择"插入"→"特征"→"倒角"命令，或者单击"特征"工具栏中的"倒角"图标按钮 ，此时系统弹出如图 6-114 所示的"倒角"属性管理器。在"边线和面或顶点"一栏中，选择图 6-113 中的边线 1；点选"角度距离"选项，在"距离"一栏中 输入 2mm；在"角度"一栏中 输入 45 度。单击属性管理器中的"确定"图标按钮 ，完成倒角实体，结果如图 6-115 所示。卫浴把手模型及其 FeatureManager 设计树如图 6-116 所示。

6.6 上机操作

通过前面的学习，读者对本章知识也有了大体的了解，本节通过操作练习使读者进一步掌握本章知识要点。

图 6-114 "倒角"属性管理器   图 6-115 倒角后的图形

图 6-116 卫浴把手及其 FeatureManager 设计树

 操作提示：

（1）放样。在右视平面绘制草图 1；在前视平面绘制草图 2；创建基准轴 1（上视平面和右视平面交线）；
创建倾斜基准面 1（过基准轴 1，与上视平面成 45º）；在基准面 1 绘制草图 3；创建平行基准面 2（平行于右视平面，偏移距离 100mm）；在前视平面绘制草图 4，如图 6-118 所示；选择 4 个草图平面放样，如图 6-119
所示。

图 6-117　水龙头

草图 1　　　　　　　　草图 2　　　　　　　　草图 3　　　　　　　　草图

图 6-118　草图绘制

（2）抽壳。抽壳厚度为 3mm，产生特征如图 6-120 所示。

图 6-119　放样特征　　　　　　　　图 6-120　抽壳

（3）拉伸凸台。创建平行基准面 3（平行于上视平面，偏移距离 100mm）；在基准面 3 绘制草图如图 6-121
左图；拉伸凸台至曲面，特征如图 6-121 右图。

草图　　　　　　　　　　　　　　　　拉伸凸台

图 6-121　拉伸凸台

（4）圆角特征。选择本体与拉伸凸台特征的交线，指定圆角半径为15mm，如图6-122所示。

（5）拉伸凸台。分别绘制各拉伸草图如图6-124中草图1（拉伸5mm）、草图2（拉伸5mm）、草图3（拉伸30mm，拔模角度10º）、草图4（拉伸30mm）和草图5（拉伸方向1和2为20mm，拔模角5º），特征如图6-123所示。

图6-122　圆角　　　　　　　　　　　图6-123　拉伸凸台1

草图1　　　　　　　　草图2　　　　　　　　草图3

草图4　　　　　　　　草图5

图6-124　拉伸凸台2

（6）圆角特征。将水龙头开关两侧面倒圆角，圆角半径为5mm。

（7）拉伸凸台。在环形平面绘制草图如图6-125草图1，拉伸5mm；在端部圆形平面绘制草图如图6-125草图2，拉伸5mm；在八边形平面绘制草图3，拉伸40mm。

草图1　　　　　　　　草图2　　　　　　　　草图3

图6-125　拉伸凸台3

（8）螺旋线与扫描切除，如图 6-126、图 6-127 所示。

图 6-126　螺旋线工具条　　　　　　　　　　图 6-127　扫描切除效果

（9）拉伸切除。选择零件端面，绘制草图如图 6-128 所示；拉伸切除，选择类型为成形到下一面，效果如图 6-129 所示。

图 6-128　草图　　　　　　　　　　　　　图 6-129　拉伸切除

第7章 装配体设计

　　对于机械设计而言单纯的零件没有实际意义，一个运动机构和一个整体才有意义。将已经设计完成的各个独立的零件，根据实际需要装配成一个完整的实体。在此基础上对装配体进行运动测试，检查是否完成整机的设计功能，才是整个设计的关键，这也是 SolidWorks 的优点之一。

　　本章将介绍装配体基本操作、装配体配合方式、运动测试、装配体文件中零件的阵列和镜像以及爆炸视图等。

学 习 要 点

◎ 装配体基本操作

◎ 装配体配合方式

◎ 零件的复制、阵列与镜像

◎ 装配体检查

◎ 爆炸视图

◎ 装配体的简化

7.1 装配体基本操作

要实现对零部件进行装配，必须首先创建一个装配体文件。本节介绍创建装配体的基本操作，包括新建装配体文件、插入零部件、移动零部件与旋转零部件。

7.1.1 新建装配体文件

零件设计完成以后，将零件装配到一起，必须创建一个装配体文件，操作步骤如下：

1. 新建文件。在菜单栏中选择"文件"→"新建"命令，或者单击"标准"工具栏中的"新建"图标按钮 □，此时系统弹出如图 7-1 所示"新建 SoildWorks 文件"对话框。

图 7-1　"新建 SolidWorks 文件"对话框

2. 选择文件类型。在对话框中选择"装配体"图标 ■，然后单击"确定"按钮，创建一个装配体文件。装配体文件的操作界面如图 7-2 所示。

图 7-2　装配体文件操作界面

在装配体文件操作界面中有一个专用的"装配体"工具栏，如图 7-3 所示。

图 7-3 "装配体"工具栏

7.1.2 插入零部件

要组合一个装配体文件，必须插入需要的零部件。

插入零部件的操作步骤如下：

1. 执行命令。在菜单栏中选择"插入"→"零部件"→"现有零件/装配体"命令，或者单击"装配体"工具栏中的"插入零部件"图标按钮 。

2. 设置属性管理器。系统弹出如图 7-4 所示的"插入零部件"属性管理器，单击属性管理器中的"保持可见"图标按钮 ，用来添加一个或者多个零部件，属性管理器不被关闭。如果没有选中该按钮，则每添加一个零部件，需要重新启动该属性管理器。

3. 选择需要的零件。单击属性管理器中的"浏览"按钮，此时系统弹出如图 7-5 所示"打开"对话框，在其中选择需要插入的文件。

图 7-4 "插入零部件"属性管理器　　　　图 7-5 "打开"对话框

4. 插入零件。单击对话框中的"打开"按钮，然后单击视图中一点，在合适的位置插入所选择的零部件。

5. 插入需要的零部件。重复第 3、4 步，插入需要的零部件，零部件插入完毕后，单击属性管理器中的"确定"图标按钮 。

注意： 　　　　1. 第一个插入的零件在装配图中，默认的状态是固定的，即不能移动和旋转的，在"FeatureManager 设计树"中的显示为"（固定）"。如果不是第一个零件，则是浮动的，在"FeatureManager 设计树"中显示为（-），如图 7-6 所示。

2．系统默认第一个插入的零件是固定的，也可以将其设置为浮动，右键单击"Feature Manager 设计树"中的固定的文件，在弹出的快捷菜单中选择"浮动"选项，如图 7-7 所示。反之，也可以将其设置为固定状态。

图 7-6　固定和浮动显示　　　　　　图 7-7　设置浮动的快捷菜单

7.1.3　移动零部件

在"FeatureManager 设计树"中，只要前面有"（-）"符号，该零件即可被移动。

移动零部件的操作步骤如下：

1．执行命令。在菜单栏中选择"工具"→"零部件"→"移动"命令，或者单击"装配体"工具栏中的"移动零部件"图标按钮。

2．设置移动类型。系统弹出如图 7-8 所示的"移动零部件"属性管理器。在属性管理器中，选择需要移动的类型，然后拖动到需要的位置。

3．退出命令操作。单击属性管理器中的"确定"图标按钮，或者按 Esc 键，取消命令操作。

在"移动零部件"属性管理器中，移动零部件的类型有 5 种类型，如图 7-9 所示。

（1）自由拖动：系统默认的选项即是自由拖动方式，可以在视图中把选中的文件拖动到任意位置。

（2）沿装配体 XYZ：选择零部件并沿装配体的 X、Y 或 Z 方向拖动。视图中显示的装配体坐标系可以确定移动的方向。在移动前要在欲移动方向的轴附近单击。

（3）沿实体：首先选择实体，然后选择零部件并沿该实体拖动。如果选择的实体是一条直线、边线或轴，所移动的零部件具有一个自由度。如果选择的实体是一个基准面或平面，所移动的零部件具有两个自由度。

图 7-8 "移动零部件"属性管理器　　　图 7-9 移动零部件类型下拉菜单

（4）由 Delta（三角形）XYZ ：在属性管理器中键入移动三角形 XYZ 的范围，如图 7-10 所示，然后单击"应用"按钮。零部件按照指定的数值移动。

（5）到 XYZ 位置：选择零部件的一点，在属性管理中键入 X、Y 或 Z 坐标，如图 7-11 所示，然后单击"应用"按钮。所选零部件的点移动到指定的坐标位置。如果选择的项目不是顶点或点，则零部件的原点会移动到指定的坐标处。

图 7-10 由三角形 XYZ 设置　　　图 7-11 到 XYZ 位置设置

7.1.4 旋转零部件

在"FeatureManager 设计树"中，只要前面有"（－）"符合，该零件即可被旋转。

旋转零部件的操作步骤如下：

1．执行命令。在菜单栏中选择"工具"→"零部件"→"旋转"命令，或者单击"装配体"工具栏中的"移动零部件"图标按钮 。

2．设置旋转类型。系统弹出如图 7-12 所示的"旋转零部件"属性管理器。在属性管理器中，选择需要旋转的类型，然后根据需要确定零部件的旋转角度。

3．退出命令操作。单击属性管理器中的"确定"图标按钮 ，或者按 Esc 键，取消命令操作。

在"旋转零部件"属性管理器中，移动零部件的类型有 3 种，如图 7-13 所示。

（1）自由拖动：选择零部件并沿任何方向旋转拖动。

（2）对于实体：选择一条直线、边线或轴，然后围绕所选实体旋转零部件。

（3）由 Delta（三角形）XYZ：在属性管理器中键入旋转三角形 XYZ 的范围，然后单击"应用"按钮。零部件按照指定的数值进行旋转。

注意：

    1. 不能移动或者旋转一个以及固定或者完全定义的零部件。

2. 只能在配合关系允许的自由度范围内移动和选择该零部件。

图 7-12 "旋转零部件"属性管理器　　　　图 7-13 旋转零部件类型下拉菜单

7.2 装配体配合方式

配合在装配体零部件之间生成几何关系。空间中的每个零件都具有 3 个平移和 3 个旋转共 6 个自由度。在装配体中，需要对零部件进行相应的约束来限制各个零件的自由度，来控制零部件相应的位置。

配合是建立零件间配合关系的方法，配合前应该将配合对象插入到装配体文件中，然后选择配合零件的实体，最后添加合适的配合关系和配合方式。配合的操作步骤如下：

1. 执行命令。在菜单栏中选择"插入"→"配合"命令，或者单击"装配体"工具栏中的"配合"图标按钮。

2. 设置配合类型。系统弹出如图 7-14 所示的"配合"属性管理器。在属性管理器中"配合选择"一栏中，选择要配合的实体，然后单击配合类型按钮，此时配合的类型出现在属性管理器的"配合"一栏中。

3. 确认配合。单击属性管理器中的"确定"图标按钮，配合添加完毕。

从"配合"属性管理器中可以看出，一般配合方式主要包括：重合、平行、垂直、相切、同轴心、锁定、距离与角度等配合方式。

（1）重合：重合配合关系比较常用，是将所选择两个零件的平面、边线、顶点，或者平面与边线、点与平面，使其重合。

图 7-15 所示为配合前的两个零部件，标注的 6 个面为选择的配合实体。利用前面介绍的配合操作步骤，在属性管理器中"配合选择"一栏中，选择图 7-15 中的平面 1 和平面 4，然后单击"标注配合"一栏中的"重合"图标按钮 ，注意重合的方向，单击属性管理器中的"确定"图标按钮 ，将平面 1 和平面 4 添加为"重合"配合关系。重合此步骤，将平面 2 和平面 5，平面 3 和平面 6 添加为"重合"配合关系，注意重合的方向，结果如图 7-16 所示。

图 7-14　"配合"属性管理器

图 7-15　配合前的图形

注意：在装配前，最好将零件对象设置在视图中合适的位置，这样可以达到最佳配合效果，可以节省配合时间。

（2）平行：平行也是常用的配合关系，用来定位所选零件的平面或者基准面，使之保持相同的方向，并且彼此间保持相同的距离。

如图 7-17 所示为配合前的两个零部件，标注的 4 个面为选择的配合实体。利用前面介绍的配合操作步骤，在属性管理器中"配合选择"一栏中，选择图 7-17 所示中的平面 1 和平面 2，然后单击"标注配合"一栏中的"平行"图标按钮 ，单击属性管理器中的"确定"图标按钮 ，将平面 1 和平面 4 添加为"平行"配合关系。重复此步骤，将平面 3 和平面 4，添加为"平行"配合关系，结果如图 7-18 所示。

图 7-16 配合后的图形

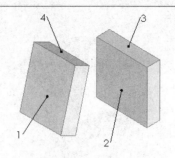

图 7-17 配合前的图形

注意：

平行配合有两种不同的情况，一种是反向平行，一种是同向平行，在配合中要根据配合需要设定不同的平行配合方式。

（3）垂直：相互垂直的配合方式可以用在两零件的基准面与基准面、基准面与轴线、平面与平面、平面与轴线、轴线与轴线的配合。面与面之间的垂直配合，是指空间法向量的垂直，并不是指平面的垂直。

如图 7-19 所示为配合前的两个零部件，利用前面介绍的配合操作步骤，在属性管理器中"配合选择"一栏中，选择如图 7-19 所示中的平面 1 和临时轴 2，然后单击"标注配合"一栏中的"垂直"图标按钮 ⊥，单击属性管理器中的"确定"图标按钮 ✓，将平面 1 和临时轴 2 添加为"垂直"配合关系，结果如图 7-20 所示。

图 7-18 配合后的图形

图 7-19 配合前的图形

（4）相切：可以用在两零件的圆弧面与圆弧面、圆弧面与平面、圆弧面与圆柱面、圆柱面与圆柱面、圆柱面与平面之间的配合。

如图 7-21 所示为配合前的两个零部件，圆弧面 1 和圆柱面 2 为配合的实体面。在"配合"属性管理器中"配合选择"一栏中，选择图 7-21 中的圆弧面 1 和圆柱面 2，然后单击"标注配合"一栏中的"相切"图标按钮 ⏢，单击属性管理器中的"确定"图标按钮 ✓，将圆弧面 1 和圆柱面 2 添加为"相切"配合关系，结果如图 7-22 所示。

注意：

在相切配合中，至少有一选择项目必须为圆柱面、圆锥面或球面。

（5）同轴心：可以用在两零件的圆柱面与圆柱面、圆孔面与圆孔面、圆锥面与圆锥面之间的配合。

图 7-20　配合后的图形　　　　　　　　　图 7-21　配合前的图形

　　如图 7-23 所示为配合前的两个零部件，圆柱面 1 和圆柱面 2 为配合的实体面。在"配合"属性管理器中"配合选择"一栏中，选择图 7-23 中的圆弧面 1 和圆柱面 2，然后单击"标注配合"一栏中的"同轴心"图标按钮◎，单击属性管理器中的"确定"图标按钮✔，将圆弧面 1 和圆柱面 2 添加为"同轴心"配合关系，结果如图 7-24 所示。

图 7-22　配合后的图形　　　　　　　　　图 7-23　配合前的图形

　　需要注意的是，同轴心配合对齐方式有两种：一种是反向对齐，在属性管理器中的图标是🔲；另一种是同向对齐，在属性管理器中的图标是🔲。在该配合中系统默认的配合是反向对齐，如图 7-24 所示。单击属性管理器中的同向对齐图标🔲，则生成如图 7-25 所示的配合图形。

图 7-24　反向对齐配合后的图形　　　　　　图 7-25　同向对齐配合后的图形

　　（6）距离：可以用在两零件的平面与平面、基准面与基准面、圆柱面与圆柱面、圆锥面与圆锥面之间的配合，可以形成平行距离的配合关系。

　　如图 7-26 所示为配合前的两个零部件，平面 1 和平面 2 为配合的实体面。在"配合"属性管理器中"配合选择"一栏中，选择图 7-26 中的平面 1 和平面 2，然后单击"标注配合"一栏中的"距离"图标按钮🔲，在其中输入设定的距离值，单击属性管理器中的"确定"图

标按钮 ✅，将平面 1 和平面 2 添加为"距离"为 60 的配合关系，结果如图 7-27 所示。

图 7-26　配合前的图形

图 7-27　配合后的图形

需要注意的是，距离配合对齐方式有两种：一种是反向对齐；另一种是同向对齐。要根据实际需要进行设置。

（7）角度：可以用在两零件的平面与平面、基准面与基准面及可以形成角度值的两个实体之间的配合关系。

如图 7-28 所示为配合前的两个零部件，平面 1 和平面 2 为配合的实体面。在"配合"属性管理器中"配合选择"一栏中，选择图 7-28 中的平面 1 和平面 2，然后单击"标注配合"一栏中的"角度"图标按钮 ⬜，在其中输入设定的距离值，单击属性管理器中的"确定"图标按钮 ✅，将平面 1 和平面 2 添加为"角度"为 60 的配合关系，结果如图 7-29 所示。

图 7-28　配合前的图形

图 7-29　配合后的图形

注意：
　　　要满足零件体文件中零件的装配，通常需要几个配合关系结合运用，所以要灵活运用装配关系，使其满足装配的需要。

7.3　零件的复制、阵列与镜像

在同一个装配体中可能存在多个相同的零件，在装配时用户可以不必重复的插入零件，而是利用复制、阵列或者镜像的方法，快速完成具有规律性的零件的插入和装配。

7.3.1　零件的复制

SolidWorks 可以复制已经在装配体文件中存在的零部件，下面将介绍复制零部件的操作步骤。图 7-30 所示为复制前的装配体，图 7-31 所示为装配体的"FeatureManager 设计树"。

图 7-30　复制前的装配体　　　　　　图 7-31　复制前的 "FeatureManager 设计树"

1．复制零件。按住 Ctrl 键，在 "FeatureManager 设计树" 中，选择需要复制的零部件，如图 7-31 所示，然后拖动到图中需要的位置。拖动零件圆环到视图中合适的位置，结果如图 7-32 所示。此时 "FeatureManager 设计树" 如图 7-33 所示，对照复制前后两个 "FeatureManager 设计树" 的不同。

2．添加配合关系。添加相应的配合关系，结果如图 7-34 所示。

图 7-32　复制后的装配体　　图 7-33　复制后的 "FeatureManager　　图 7-34　配合后的装配体

设计树"

7.3.2　零件的阵列

零件的阵列分为线性阵列和圆周阵列。如果装配体中具有相同的零件，并且这些零件按照线性或者圆周的方式排列，可以使用线性阵列和圆周阵列命令进行操作。下面将结合实例进行介绍。

1．零件的线性阵列可以同时阵列一个或者多个零部件，并且阵列出来的零件不需要再添加配合关系，即可完成配合。

【例 7-1】以图 7-40 所示的装配体为例讲述线性阵列零件的操作步骤：

光盘\参考视频\第 7 章\例 7-1.avi

01 创建装配体文件。在菜单栏中选择 "文件" → "新建" 命令，在系统弹出的 "新建 SoildWorks 文件" 对话框中，单击 "装配体" 图标按钮 ，创建一个装配体文件。

02 插入 "底座" 文件。在弹出的 "开始装配体" 属性管理器中，单击 "浏览" 按钮，插入已绘制的名为 "底座" 文件，并调节视图中零件的方向，底座零件的尺寸如图 7-35 所示。

03 插入 "圆柱" 文件。在菜单栏中选择 "插入" → "零部件" → "现有零件/装配体"

命令，或单击工具栏中的"插入零部件"按钮，插入已绘制的名为"圆柱"文件，"圆柱"零件的尺寸如图 7-36 所示。调节视图中各零件的方向，结果如图 7-37 所示。

图 7-35　底座零件尺寸图示　　图 7-36　圆柱零件尺寸图示　　图 7-37　插入零件后的装配体

04 添加配合关系。在菜单栏中选择"工具"→"配合"命令，或者单击"装配体"工具栏中的"配合"图标按钮 ⬛ 。

05 设置属性管理器。系统弹出"配合"属性管理器，将如图 7-37 所示的平面 1 和平面 4 添加为"重合"配合关系；将圆柱面 2 和圆柱面 3 添加为"同轴心"配合关系，注意配合的方向。

06 确认配合关系。单击属性管理器中的"确定"图标按钮 ✅ ，配合添加完毕了结果如图 7-38 所示。

07 线性阵列圆柱零件。在菜单栏中选择"插入"→"零部件阵列"→"线性阵列"命令，系统弹出如图 7-39 所示的"线性阵列"属性管理器。

08 设置属性管理器。在"方向 1"的"阵列方向"一栏中，选择如图 7-38 所示的边线 1，注意设置阵列的方向；在"方向 2"的"阵列方向"一栏中，选择如图 7-38 所示的边线 2，注意设置阵列的方向；在"要阵列的零部件"一栏中，选择如图 7-38 所示的圆柱。其他设置按照图 7-39 所示。

图 7-38　配合后的等轴测视图　　　　　图 7-39　"线性阵列"属性管理器

09 确认线性阵列。单击属性管理器中的"确定"图标按钮 ✅ ，完成零件的线性阵列，结果如图 7-40 所示。此时装配体文件的"FeatureManager 设计树"如图 7-41 所示。

图 7-40 线性阵列后的图形　　　　图 7-41　装配体的"FeatureManager"设计树

2．零件的圆周阵列与线性阵列类似，只是需要一个进行圆周阵列的轴线。

【例 7-2】以图 7-48 所示的装配体为例讲述圆周阵列零件的操作步骤。

　　光盘\参考视频\第 7 章\例 7-2.avi

01 创建装配体文件。在菜单栏中选择"文件"→"新建"命令，在系统弹出的"新建 SoildWorks 文件"对话框中，单击"装配体"图标按钮 ，创建一个装配体文件。

02 插入"圆盘"文件。在弹出的"开始装配体"属性管理器中，单击"浏览"按钮，插入已绘制的名为"圆盘"文件，并调节视图中零件的方向，圆盘零件的尺寸如图 7-42 所示。

03 插入"圆柱"文件。在菜单栏中选择"插入"→"零部件"→"现有零件/装配体"命令，插入已绘制的名为"圆柱"文件，"圆柱"零件的尺寸如图 7-43 所示。调节视图中各零件的方向，结果如图 7-44 所示。

图 7-42　圆盘零件尺寸图示

图 7-43　圆柱零件尺寸图示

04 添加配合关系。在菜单栏中选择"工具"→"配合"命令，或者单击"装配体"工具栏中的"配合"图标按钮 。

05 设置属性管理器。此时系统弹出"配合"属性管理器，将图 7-44 所示中的平面 1 和平面 4 添加为"重合"配合关系；将圆柱面 2 和圆柱面 3 添加为"同轴心"配合关系，注意配合的方向。

06 确认配合关系。单击属性管理器中的"确定"图标按钮 ，配合添加完毕，结果如图 7-45 所示。

图 7-44　插入零件后的装配体

图 7-45　配合后的等轴测视图

07 显示临时轴。在菜单栏中选择"视图"→"临时轴"命令，显示视图中的临时轴，结果如图 7-46 所示。

08 圆周阵列圆柱零件。在菜单栏中选择"插入"→"零部件阵列"→"圆周阵列"命令，系统弹出如图 7-47 所示的"圆周阵列"属性管理器。

图 7-46　显示临时轴的图形

图 7-47　"圆周阵列"属性管理器

09 设置属性管理器。在"阵列轴"一栏中，选择图 7-46 所示中的临时轴 1；在"要阵列的零部件"一栏中，选择图 7-46 所示中的圆柱，其他设置按照图 7-47 所示。

10 单击属性管理器中的"确定"图标按钮 ✅，完成零件的圆周阵列，结果如图 7-48 所示。此时装配体文件的"FeatureManager 设计树"如图 7-49 所示。

图 7-48　圆周阵列后的图形

图 7-49　装配体的"FeatureManager"设计树

7.3.3　零件的镜像

装配体环境下的镜像操作与零件设计环境下的镜像操作类似。在装配体环境下，有相同且对称的零部件时，可以使用镜像零部件操作来完成。

【例 7-3】以图 7-50 所示的装配体为例，讲述镜像零件的操作步骤。

光盘\参考视频\第 7 章\例 7-3.avi

01 创建装配体文件。在菜单栏中选择"文件"→"新建"命令，在系统弹出的"新建 SolidWorks 文件"对话框中，单击"装配体"图标按钮 ，创建一个装配体文件。

02 插入"底座平板"文件。在弹出的"开始装配体"属性管理器中，单击"浏览"按钮，插入已绘制的名为"底座"文件，并调节视图中零件的方向，圆盘零件的尺寸如图 7-50 所示。

03 插入"圆柱"文件。在菜单栏中选择"插入"→"零部件"→"现有零件/装配体"命令，插入已绘制的名为"圆柱"文件，"圆柱"零件的尺寸如图 7-51 所示。调节视图中各零件的方向，结果如图 7-52 所示。

图 7-50 底座平板零件尺寸图示

图 7-51 圆柱零件尺寸图示

04 添加配合关系。在菜单栏中选择"工具"→"配合"命令，或者单击"装配体"工具栏中的"配合"图标按钮 。

05 设置属性管理器。此时系统弹出"配合"属性管理器，将图 7-52 所示中的平面 1 和平面 3 添加为"重合"配合关系；将圆柱面 2 和圆柱面 4 添加为"同轴心"配合关系，注意配合的方向。

06 确认配合关系。单击属性管理器中的"确定"图标按钮 ，配合添加完毕，结果如图 7-53 所示。

07 添加基准面。在菜单栏中选择"插入"→"参考几何体"→"基准面"命令，或者单击"特征"工具栏中的"基准面"图标按钮 。

08 设置属性管理器。系统弹出如图 7-54 所示的"基准面"属性管理器，在"参考实体"一栏中，选择图 7-53 所示中的面 1；在"距离"一栏中输入 40mm，注意添加基准面的方向，其他设置参考如图 7-54 所示，添加如图 7-55 所示中的基准面 1。重复此命令，添加如图 7-55 所示中的基准面 2。

09 镜像圆柱零件。在菜单栏中选择"插入"→"镜像零部件"命令，此时系统弹出如图 7-56 所示的"镜像零部件"属性管理器。

10 设置属性管理器。在"镜像基准面"一栏中，选择如图 7-55 所示中的基准面 1；在"要镜像的零部件"一栏中，选择如图 7-55 所示中的圆柱。单击属性管理器中的"下一步"

图标按钮，此时属性管理器如图 7-57 所示。

图 7-52　插入零件后的装配体

图 7-53　配合后的等轴测视图

图 7-54　"基准面"属性管理器

图 7-55　添加基准面后的图形

图 7-56　"镜像零部件"属性管理器

图 7-57　"镜像零部件"属性管理器

11 确认镜像的零件。单击属性管理器中的"确定"图标按钮 ✅，零件镜像完毕，结果如图 7-58 所示。

12 镜像圆柱零件。在菜单栏中选择"插入"→"镜像零部件"命令，此时系统弹出

"镜像零部件"属性管理器。

13 设置属性管理器。在"镜像基准面"一栏中，选择如图 7-58 所示中的基准面 2；在"要镜像的零部件"一栏中，选择如图 7-58 所示中的两个圆柱。单击属性管理器中的"往下"图标按钮 ，此时属性管理器如图 7-59 所示。

图 7-58　镜像后的图形

图 7-59　"镜像零部件"属性管理器

14 确认镜像的零件。单击属性管理器中的"确定"图标按钮 ，零件镜像完毕，结果如图 7-60 所示。此时装配体文件的"FeatureManager 设计树"如图 7-61 所示。

注意：从上面的实例操作步骤可以看出，不但可以对称的镜像原零部件，而且还可以反方向镜像零部件，要主要灵活应用该命令。

图 7-60　镜像后的装配体图形

图 7-61　装配体文件的"FeatureManager 设计树"

7.4 装配体检查

装配体检查主要包括碰撞测试、动态间隙、体积干涉检查及装配体统计等，用来检查装配体各个零部件装配后装配的正确性、装配信息等。

7.4.1 碰撞测试

在装配体环境下，移动或者旋转零部件时，SolidWorks 提供了检查其与其他零部件碰撞检查。在进行碰撞测试时，零件必须做适当的配合，但是不能完全限制配合，否则零件无法移动。

物资动力是碰撞检查中的一个选项，使用"物资动力"复选框时，等同于向被撞零部件施加一个碰撞力。

【例 7-4】以图 7-62 所示的装配体为例，讲述碰撞测试的操作步骤：

光盘\参考视频\第 7 章\例 7-4.avi

01 打开装配体文件。如图 7-62 所示为碰撞测试用的装配体文件，两个轴件与基座的凹槽为"同轴心"配合方式。

02 碰撞检查。单击"装配体"工具栏中的"移动零部件"图标按钮 ，或者"旋转零部件"图标按钮 。

03 设置属性管理器。系统弹出"移动零部件"或者"旋转零部件"属性管理器，在"选项"一栏中选中"碰撞检查"及"碰撞时停止"复选框，则碰撞时零件会停止运动；在"高级选项"一栏中选中"高亮显示面"及"声音"复选框，则碰撞时零件会亮显并且计算机会发出碰撞的声音。碰撞设置如图 7-63 所示。

04 碰撞检查。拖动如图 7-62 所示中的零件 2 向零件 1 移动，在碰撞零件 1 时，零件 2 会停止运动，并且零件 2 会亮显，如图 7-64 所示。

图 7-62　碰撞测试装配体文件　　图 7-63　碰撞检查时的设置　　图 7-64　碰撞检查时的装配体

05 物资动力设置。在"移动零部件"或者"旋转零部件"属性管理器中，在其"选项"一栏中选中"物理动力学"复选框，下面的"敏感度"工具条可以调节施加的力；在"高级选项"一栏中选中"高亮显示面"及"声音"复选框，则碰撞时零件会亮显并且计算机会发出碰撞的声音。物资动力设置如图 7-65 所示。

06 物资检查。拖动如图 7-62 所示中的零件 2 向零件 1 移动，在碰撞零件 1 时，零件 1 和 2 会以给定的力一起向前运动，如图 7-66 所示。

图 7-65　物资检查时的设置

图 7-66　物资动力检查时的装配体

7.4.2　动态间隙

动态间隙用于在零部件移动过程中，动态显示两个设置零部件间的距离。

【例 7-5】以图 7-62 所示的装配体为例，介绍动态间隙的操作步骤：

> 光盘\参考视频\第 7 章\例 7-5.avi

01 打开装配体文件。使用上一节的装配体文件，如图 7-62 所示。两个轴件与基座的凹槽为"同轴心"配合方式。

02 执行命令。单击"装配体"工具栏中的"移动零部件"图标按钮。

03 设置属性管理器。系统弹出"移动零部件"属性管理器，选中"动态间隙"复选框。在"所选零部件几何体"一栏中选择如图 7-62 所示中的轴件 1 和轴件 2，然后单击"恢复拖动"图标按钮 恢复拖动(E) 。动态间隙设置如图 7-67 所示。

04 动态间隙检查。拖动如图 7-62 所示中的零件 2 移动，则两个轴件之间的距离会实时的改变，如图 7-68 所示。

注意： 动态间隙设置时，在"指定间隙停止"一栏中输入的值，用于确定两零件之间停止的距离。当两零件之间的距离为该值时，零件就会停止运动。

图 7-67 动态间隙时的设置　　　　　　　　图 7-68 动态间隙时的图形

7.4.3 体积干涉检查

在一个复杂的装配体文件中，直接判别零部件是否发生干涉是件比较困难的事情。SolidWorks 提供了体积干涉检查工具，利用该工具可以比较容易地在零部件之间进行干涉检查，并且可以查看发生干涉的体积。

【例 7-6】以图 7-69 所示的装配体为例，讲述体积干涉检查的操作步骤：

> 光盘\参考视频\第 7 章\例 7-6.avi

01 打开装配体文件。使用上一节的装配体文件，两个轴件与基座的凹槽为"同轴心"配合方式，调节两个轴件相互重合，如图 7-69 所示。

02 执行命令。在菜单栏中选择"工具"→"干涉检查"命令，此时系统弹出"干涉检查"属性管理器。

03 设置属性管理器。选中"视重合为干涉"复选框，单击属性管理器中的"计算"图标按钮，如图 7-70 所示。

04 体积干涉检查。检查结果出现在"结果"一栏中，如图 7-71 所示。在"结果"一栏中，不但显示干涉的体积，而且还显示干涉的数量以及干涉的个数等信息。

图 7-69　体积干涉检查装配体文件　　图 7-70　"干涉检查"属性管理器　　图 7-71　干涉检查结果

7.4.4 装配体统计

SolidWorks 提供了对装配体进行统计报告的功能，即装配体统计。通过装配体统计，可以生成一个装配体文件的统计资料。

【例 7-7】以图 7-72 所示的装配体为例，讲述装配体统计的操作步骤。

光盘\参考视频\第 7 章\例 7-7.avi

01 打开装配体文件。打开"移动轮"装配体文件，如图 7-72 所示。"移动轮"装配体文件的"FeatureManager 设计树"如图 7-73 所示。

02 执行装配体统计命令。在菜单栏中选择"工具"→"AssemblyXpert"命令，此时系统弹出如图 7-74 所示的"装配体统计"对话框。

03 确认统计结果。单击"装配体统计"对话框中的"确定"按钮，关闭该对话框。

图 7-72 "移动轮"装配体文件 　　　　　　　　　图 7-73 装配体的"FeatureManager 设计树"

图 7-74 "装配体统计"对话框

从"装配体统计"对话框中，可以查看装配体文件的统计资料，对话框中各项的意义如下：

➤ "零件"：统计的零件数包括装配体中所有的零件，无论是否被压缩，但是被压缩的子装配体的零部件不包括在统计中。

➤ "子装配体"：统计装配体文件中包含的子装配体个数。

➤ "还原零部件"：统计装配体文件处于还原状态的零部件个数。

➤ "压缩零部件"：统计装配体文件处于压缩状态的零部件个数。

➤ "顶层配合数"：统计最高层装配体文件中所包含的配合关系的个数。

7.5　爆炸视图

在零部件装配体完成后，为了在制造、维修及销售中，直观地分析各个零部件之间的相互关系，将装配图按照零部件的配合条件来产生爆炸视图。装配体爆炸以后，用户不可以对装配体添加新的配合关系。

7.5.1　生成爆炸视图

爆炸视图可以很形象地查看装配体中各个零部件的配合关系，常称为系统立体图。爆炸视图通常用于介绍零件的组装流程、仪器的操作手册及产品使用说明书中。

【例 7-8】以如图 7-75 的装配体为例，讲述爆炸视图的操作步骤：

光盘\参考视频\第 7 章\例 7-8.avi

01 打开装配体文件。打开"移动轮"装配体文件，如图 7-75 所示。"移动轮"装配体文件的"FeatureManager 设计树"如图 7-73 所示。

02 执行创建爆炸视图命令。在菜单栏中选择"插入"→"爆炸视图"命令，此时系统弹出如图 7-76 所示的"爆炸"属性管理器。单击属性管理器中"爆炸步骤""设定"及"选项"各复选框右上角的箭头，将其展开。

03 设置属性管理器。在"设定"复选框中的"爆炸步骤零部件"一栏中，单击图 7-75 中的"底座"零件，此时装配体中被选中的零件被亮显，并且出现一个设置移动方向的坐标，如图 7-77 所示。

04 设置爆炸方向。单击如图 7-77 所示中坐标的某一方向，确定要爆炸的方向，然后在"设定"复选框中的"爆炸距离"一栏中输入爆炸的距离值，如图 7-78 所示。

05 观测预览效果。单击"设定"复选框中的"应用"按钮，观测视图中预览的爆炸效果，单击"爆炸方向"前面的"反向"图标按钮 ，可以反方向调整爆炸视图。单击"完成"按钮，第一个零件爆炸完成，结果如图 7-79 所示。并且在"爆炸步骤"复选框中生成"爆炸步骤 1"，如图 7-80 所示。

06 生成其他爆炸步骤。重复步骤 **03** ～ **05**，将其他零部件爆炸，生成的爆炸视图如图 7-81 所示。如图 7-82 所示为该爆炸视图的爆炸步骤。

图 7-75 "移动轮"装配体文件

图 7-76 "爆炸"属性管理器

图 7-77 选择零件后的装配体

图 7-78 "设定"复选框的设置

图 7-79 第一个爆炸零件视图

图 7-80 生成的爆炸步骤

注意: 在生成爆炸视图时，建议对每一个零件在每一个方向上的爆炸设置为一个爆炸步骤。如果一个零件需要在 3 个方向上爆炸，建议使用 3 个爆炸步骤，这样可以很方便地修改爆炸视图。

图 7-81　生成的爆炸视图　　　　　　　　图 7-82　生成的爆炸步骤

7.5.2　编辑爆炸视图

装配体爆炸后，可以利用"爆炸"属性管理器进行编辑，也可以添加新的爆炸步骤。

【例 7-9】以移动轮装配体为例，讲述编辑爆炸视图的操作步骤。

光盘\参考视频\第 7 章\例 7-9.avi

01 打开装配体文件。打开爆炸后的"移动轮"装配体文件，如图 7-81 所示。

02 打开"配置"管理器。展开 移动轮装配体 配置，在"爆炸视图 1"上单击右键，选择 编辑特征 (D) 选项，此时系统弹出"爆炸"属性管理器。

03 编辑爆炸步骤。右键单击"爆炸步骤"复选框中的"爆炸步骤 1"，如图 7-83 所示，在弹出的快捷菜单中选择"编辑步骤"选项，此时"爆炸步骤 1"的爆炸设置出现在如图 7-84 所示的"设定"复选框中。

图 7-83　"爆炸"属性管理器　　　　　　图 7-84　"设定"复选框

删除爆炸步骤后的操作步骤及结果如图 7-85、图 7-86 所示。

图 7-85　删除爆炸步骤后的操作步骤　　　　图 7-86　删除爆炸步骤 1 后的视图

7.6　装配体的简化

在实际设计过程中，一个完整的机械产品的总装配图是很复杂的，通常有许多的零件组成。SolidWorks 提供了多种简化的手段，通常使用改变零部件的显示属性以及改变零部件的压缩状态来简化复杂的装配体。SolidWorks 中的零部件有 4 种显示状态：

> 还原🖰：零部件以正常方式显示，装入零部件所有的设计信息。
> 隐藏🖰：仅隐藏所选零部件在装配图中的显示。
> 压缩🖰：装配体中的零部件不被显示，并且可以减少工作时装入和计算的数据量。
> 轻化🖰：装配体中的零部件处于轻化状态，只占用部分内存资源。

7.6.1　零部件显示状态的切换

零部件的显示有两种状态：显示和隐藏。通过设置装配体文件中零部件的显示状态，可以将装配体文件中暂时不需要修改的零部件隐藏起来。零部件的显示和隐藏不影响零部件的本身，只是改变在装配体中的显示状态。

切换零部件显示状态常用的有 3 种方法：

1. 左键快捷菜单方式。在"FeatureManager 设计树"或者图形区域中，右键单击要隐藏的零部件，在弹出的快捷菜单中选择"隐藏"选项，如图 7-87 所示。如果要显示隐藏的零部件，则右键单击绘图区域，在弹出的快捷菜单中单击"显示隐藏的零部件"选项，如图 7-88 所示。

2. 工具栏方式。在"FeatureManager 设计树"或者图形区域中，选择需要隐藏或者显示的零部件，然后单击"装配体"工具栏中的"隐藏/显示零部件"图标按钮🖰，即可实现零部件的隐藏和显示状态的切换。

3. 菜单方式。在"FeatureManager 设计树"或者图形区域中，选择需要隐藏的零部件，然后在菜单栏中选择"编辑"→"隐藏"→"当前显示状态"命令，将所选零部件切换到隐藏状态。选择需要显示的零部件，在菜单栏中选择"编辑"→"显示"→"当前显示状态"命令，将所选的零部件切换到显示状态。

图 7-87　隐藏零部件快捷菜单　　　　　　　　图 7-88　显示零部件快捷菜单

　　如图 7-89 所示为移动轮装配体图形，图 7-90 所示为其"FeatureManager 设计树"。如图 7-91 所示为隐藏"移动轮 4（支架）"零件后的装配体图形，如图 7-92 所示为隐藏零件后的"FeatureManager 设计树"。

图 7-89　移动轮装配体图形

图 7-90　移动轮的"FeatureManager 设计树"

图 7-91　隐藏支架后的装配体

图 7-92　隐藏支架后的"FeatureManager 设计树"

7.6.2　零部件压缩状态的切换

　　在某段设计时间内，可以将某些零部件设置为压缩状态，这样可以减少工作时装入和计算的数据量。装配体的显示和重建会更快，可以更有效地利用系统资源。

　　装配体零部件共有 3 种压缩状态：

　　1．还原：使装配体中的零部件处于正常显示状态，还原的零部件会完全装入内存，可以使用所有功能并可以完全访问。常用设置还原状态的操作步骤是使用右键快捷菜单：

（1）选择需要还原的零件。在"FeatureManager 设计树"中，右键单击被轻化或者压缩的零件，此时系统弹出如图 7-93 所示的系统快捷菜单。

（2）选择需要还原的零件。在"FeatureManager 设计树"中，右键单击被轻化的零件，此时系统弹出如图 7-93 所示的系统快捷菜单。设置为还原状态。在其中单击"设定为还原"选项，则所选的零部件将处于正常的显示状态。

2．压缩：可以使零件暂时从装配体中消失。处于压缩状态的零件不再装入内存，所以装入速度、重建模型速度及显示性能均有提高，减少了装配体的复杂程度，提高了计算机的运行速度。

被压缩的零部件不等同于该零部件被删除，它的相关数据仍然保存在内存中，只是不参与运算而已，它可以通过设置很方便地调入装配体中。

被压缩零部件包含的配合关系也被压缩。因此，装配体中的零部件的位置可能变为欠定义。当恢复零部件显示时，配合关系可能会发生矛盾，因此在生成模型时，要小心使用压缩状态。

常用设置压缩状态的操作步骤是使用右键快捷菜单：

（1）选择需要压缩的零件。在"FeatureManager 设计树"中或者图形区域中，右键单击需要压缩的零件，此时系统弹出如图 7-94 所示的系统快捷菜单。

（2）设置为压缩状态。在其中单击"压缩"选项，则所选的零部件将处于压缩状态。

3．轻化：当零部件为轻化时，只有部分零件模型数据装入内存，其余的模型数据根据需要装入，这样可以显著提高大型装配体的性能。使用轻化的零件装入装配体比使用完全还原的零部件装入同一装配体速度更快。因为需要计算的数据比较少，包含轻化零部件的装配体重建速度也更快。

常用设置轻化状态的操作步骤是使用右键快捷菜单，操作步骤如下：

（1）选择需要轻化的零件。在"FeatureManager 设计树"中或者图形区域中，右键单击需要轻化的零件，此时系统弹出如图 7-95 所示的系统快捷菜单。

图 7-93　系统快捷菜单　　　　　　　　图 7-94　系统快捷菜单

（2）设置为轻化状态。在其中单击"设定为轻化"选项，则所选的零部件将处于轻化的显示状态。

如图 7-96 所示是将如图 7-89 所示中的"脚轮 4（支架）"零件设置为轻化状态后装配体图形，如图 7-97 所示为其"FeatureManager 设计树"。

对比图 7-89 和图 7-96 所示可以得知，轻化后的零件并不从装配图中消失，只是减少了该零件装入内存中的模型数据。

图 7-95　系统快捷菜单　　图 7-96　轻化后的装配体　　图 7-97 轻化后的"FeatureManager 设计树"

7.7　综合实例

卡簧通常用于电器的开关中，当按下按钮时，内部的拌接机构搭上，再次按下时松开，可以实现开和关的操作。

7.7.1　卡簧的创建及装配

本节绘制卡簧装配体，如图 7-98 所示。

图 7-98　卡簧

　光盘\参考视频\第 7 章\卡簧.avi

首先绘制零件按钮、弹簧和限位罗圈，然后创建一个装配体文件，把前面绘制的零件依次插入文件中，最后添加配合关系调整视图方向。绘制卡簧的操作流程如图 7-99 所示。

图 7-99   绘制卡簧的流程图

1．制作按钮。

01 新建文件。启动 Solidworks2014，在菜单栏中选择"文件"→"新建"命令，或者单击"标准"工具栏中的"新建"图标按钮 ，在打开的"新建 SolidWorks 文件"对话框中，选择"零件"按钮，单击"确定"按钮。

02 新建草图。在设计树中选择"上视基准面"，单击"草图绘制"图标按钮 ，新建一张草图。单击"草图"工具栏中的"圆"图标按钮 ，以原点为中心绘制直径为 40mm 的圆。

03 拉伸实体。在菜单栏中选择"插入"→"凸台/基体"→"拉伸"命令，或者单击"特征"工具栏中的"拉伸凸台/基体"图标按钮 ，设定拉伸的终止条件为"给定深度"。在 微调框中设置拉伸深度为 10mm，设置拔模角度为 4 度，保持其他选项的系统默认值不变，如图 7-100 所示。单击"确定"图标按钮 ，完成按钮的创建。

04 新建草图。选择 10mm 的凸台的下表面，单击"草图绘制"图标按钮 ，新建一张草图。单击"草图"工具栏中的"圆"图标按钮 ，以原点为中心绘制一个直径为 36mm 的圆。

05 拉伸实体。单击"特征"工具栏中的"拉伸凸台/基体"图标按钮 ，设定拉伸的终止条件为"给定深度"。在 微调框中设置拉伸深度为 2mm，保持其他选项的系统默认值不变，如图 7-101 所示。单击"确定"图标按钮 ，完成拉伸基体的创建。

图 7-100   生成按钮基体   图 7-101   拉伸基体

06 新建草图。选择 2mm 的凸台的下表面，单击"草图绘制"图标按钮，新建一张草图。

07 投影。在菜单栏中选择"工具"→"草图绘制工具"→"转换实体引用"命令，或者单击"草图"工具栏中的"转换实体引用"图标按钮，将凸台的圆形外轮廓投影到当前草图绘制平面。

08 拉伸基体。单击"特征"工具栏中的"拉伸凸台/基体"图标按钮，设定拉伸的终止条件为"给定深度"。在微调框中设置拉伸深度为 4mm，设置拔模角度为 70 度，保持其他选项的系统默认值不变，单击"确定"图标按钮，完成拉伸基体的创建，如图 7-102 所示。

09 新建草图。选择最底下平面作为工作表面，单击"草图绘制"图标按钮，新建一张草图。单击"草图"工具栏中的"转换实体引用"图标按钮，将圆形外轮廓投影到当前草图绘制平面。

10 拉伸。单击"特征"工具栏中的"拉伸凸台/基体"图标按钮，设定拉伸的终止条件为"给定深度"。在微调框中设置拉伸深度为 100mm，保持其他选项的系统默认值不变，单击"确定"图标按钮，完成按钮连杆的创建，如图 7-103 所示。

图 7-102　拉伸基体　　　　　　　　图 7-103　按钮连杆

11 新建基准轴。在菜单栏中选择"插入"→"参考几何体"→"基准轴"命令，或者单击"特征"工具栏中的"基准轴"图标按钮。在"基准轴"属性管理器上的选择点和面按钮，选择原点和按钮顶面，单击"确定"图标按钮，生成基准轴，如图 7-104 所示。

12 卡簧按钮的建模完成，单击保存按钮，将文件保存为"卡簧按钮.sldprt"。

2．制作弹簧。

01 新建文件。在菜单栏中选择"文件"→"新建"命令，或者单击"标准"工具栏中的"新建"图标按钮，在打开的"新建 Solidworks 文件"对话框中，选择"零件"按钮，单击"确定"按钮。

02 新建草图。在设计树中选择"上视基准面"，单击"草图绘制"图标按钮，新建一张草图。在菜单栏中选择"工具"→"草图绘制实体"→"圆"命令，或者单击"草图"

工具栏中的"圆"图标按钮⊘，以原点为中心绘制一个直径为 20mm 的圆。

图 7-104　生成基准轴

03 绘制螺旋线。在菜单栏中选择"插入"→"曲线"→"螺旋线/涡状线"，或者单击"特征"工具栏中的"螺旋线/涡状线"图标按钮器，在"螺旋线/涡状线"属性管理器中设置定义方式为：高度和圈数；高度为 100mm，圈数为 10；起始角度为：0 度，其他选项如图7-105 所示。单击"确定"图标按钮✔，从而生成螺旋线。

04 建立基准面。在菜单栏中选择"插入"→"参考几何体"→"基准面"命令，或者单击"特征"工具栏中的"基准面"图标按钮◇。在属性管理器中，选择螺旋线本身和起点为参考实体，如图 7-106 所示。单击"确定"图标按钮✔，完成基准面的创建，系统默认该基准面为"基准面 1"。

图 7-105　设置螺旋线参数　　　　图 7-106　设置参考面

05 新建草图。单击"草图绘制"图标按钮⊾，新建一张草图。选择"基准面 1"，单击"草图"工具栏中的"圆"图标按钮⊘，绘制一个直径为 2mm 的圆。

06 添加几何关系。单击"尺寸/几何关系"工具栏中的"添加几何关系"图标按钮⊥，选择圆心和螺旋线，添加几和关系为"穿透"，如图 7-107 所示。单击"确定"图标按钮✔，完成几何关系的添加。单击"草图绘制"图标按钮⊾，退出草图绘制。

07 扫描轮廓。"插入"→"凸台/基体"→"扫描"命令，或者单击"特征"工具栏中的"扫描"图标按钮 🎏，选择步骤 **02** ～ **06** 绘制的圆为扫描轮廓，螺旋线为扫描路径，如图 7-108 所示。单击"确定"图标按钮 ✅，完成弹簧的创建。

图 7-107 添加几何关系　　　　　　　　　　图 7-108 设置扫描参数

08 新建基准轴。单击"特征"工具栏中的"基准轴"图标按钮 ⌖。在"基准轴"属性管理器中，单击两平面按钮 🗗，选择设计树中的前视基准面和右视基准面，单击"确定"图标按钮 ✅，生成基准轴，如图 7-109 所示。

09 单击"保存"图标按钮 💾，将零件保存为"弹簧.sldprt"，如图 7-110 所示。

图 7-109 生成基准轴　　　　　　　　　　图 7-110 弹簧

3．绘制限位罗圈。

01 新建文件。在菜单栏中选择"文件"→"新建"命令，或者单击"标准"工具栏中的"新建"图标按钮 🗋，在打开的"新建 Solidworks 文件"对话框中，选择"零件"按钮，单击"确定"按钮。

02 新建草图。在设计树中选择上视基准面，单击"草图绘制"图标按钮 🖉，新建一张草图。

03 绘制圆。单击"草图"工具栏中的"圆"图标按钮 ⊙，以原点为中心绘制一个直径为 40mm 的圆。

04 拉伸实体。单击"特征"工具栏中的"拉伸凸台/基体"图标按钮，设定拉伸的终止条件为"给定深度"。在微调框中设置拉伸深度为 20mm，方向向下，保持其他选项默认值不变，如图 7-111 所示。单击"确定"图标按钮，完成罗圈基体的创建。

05 新建草图。选择罗圈的上表面，单击"草图绘制"图标按钮，新建一张草图。单击"草图"工具栏中的"圆"图标按钮，以原点为中心绘制一个直径为 22mm 的圆。

06 切除实体。单击"特征"工具栏中的"拉伸切除"图标按钮，设定拉伸的终止条件为"给定深度"，在微调框中设置拉伸深度为 6mm，保持其他选项的系统默认值不变，单击"确定"图标按钮，形成圆柱体空腔，如图 7-112 所示。

07 新建草图。选择圆柱体空腔的底面作为工作平面，单击"草图绘制"图标按钮，新建一张草图。

08 绘制圆。单击"草图"工具栏中的"圆"图标按钮，以原点为中心绘制一个直径为 16.5mm 的圆。

图 7-111　生成罗圈基体　　　　　　　　　　　图 7-112　圆柱体空腔

09 切除实体。单击"特征"工具栏中的"拉伸切除"图标按钮，设定拉伸的终止条件为"完全贯穿"，单击"确定"图标按钮，形成限位孔，如图 7-113 所示。

10 建立基准轴。在菜单栏中选择"插入"→"参考几何体"→"基准轴"命令，或者单击"特征"工具栏中的"基准轴"图标按钮。在"基准轴"属性管理器上中，单击点和面图标按钮，选择原点和圆柱体空腔底面，单击"确定"图标按钮，生成基准轴，如图 7-114 所示。

11 单击"保存"图标按钮，将零件保存为"限位罗圈.sldprt"，如图 7-115 所示。

4．装配卡簧。

01 新建文件。在菜单栏中选择"文件"→"新建"命令，或者单击"标准"工具栏中的"新建"图标按钮，在打开的"新建 Solidworks 文件"对话框中，选择"装配体"按钮，单击"确定"图标按钮。

02 窗口左侧的 PropertyManager 中出现如图 7-116 的对话框。

03 导入第一个零件。单击浏览按钮，浏览到"卡簧按钮.sldprt"。在窗口释放鼠标，如图 7-117 所示。默认情况下，装配体中的第一个零件被固定。

图 7-113　限位孔

图 7-114　生成基准轴

图 7-115　限位罗圈　　　图 7-116　插入零部件对话框　　　图 7-117　插入卡簧按钮

04 插入零件。在菜单栏中选择"插入"→"零部件"→"现有零部件／装配体"命令，分别将弹簧和限位罗圈插入装配体中，单击标准视图工具栏上的等轴测按钮 ，以等轴测视图观看模型，如图 7-118 所示。

05 选择"视图"→"基准轴"命令，显示基准轴。

06 选择配合类型。在菜单栏中选择"插入"→"配合"命令，或者单击"装配体"工具栏中的"配合"图标按钮 ，选择弹簧的基准轴和按钮的基准轴，选择配合类型为"重合"，如图 7-119 所示。单击"确定"图标按钮 来应用配合。

07 选择配合类型。单击"装配体"工具栏中的"配合"图标按钮 ，选择限位罗圈的环状表面和按钮的最底面，选择配合类型为"重合"，如图 7-120 所示。单击"确定"图标按钮 来应用配合。

08 选择配合类型。分别选择限位罗圈的基准轴和按钮的基准轴，选择配合类型为"重合"，如图 7-121 所示。

图 7-118　插入零件

图 7-119　设置配合参数

图 7-120　设置配合参数

09 保存。单击"保存"图标按钮 💾，将装配体文件保存为"卡簧.sldasm"。最后的效果如图 7-122 所示。

图 7-121　设置配合参数

图 7-122　卡簧

7.7.2 传动体装配

光盘\参考视频\第 7 章\传动装配体.avi

1．创建装配体文件。

01 启动软件。在菜单栏中选择"开始"→"所有程序"→"SoildWorks 2014"命令，或者单击桌面图标 ，启动 SoildWorks 2014。

02 创建装配体文件。单击"标准"工具栏中的"新建"图标 ，此时系统弹出如图 7-123 所示的"新建 SoildWorks 文件"对话框，在其中选择"装配体"图标 ，然后单击"确定"按钮，创建一个新的装配体文件。

03 保存文件。单击"标准"工具栏中的"保存"图标 ，此时系统弹出"另存为"对话框。在"文件名"一栏中输入传动装配体，然后单击"保存"按钮，创建一个文件名为"传动装配体"的装配体文件。

图 7-123 "新建 SolidWorks 文件"对话框

2．插入基座。

01 选择零件。在菜单栏中选择"插入"→"零部件"→"现有零件/装配体"命令，此时系统弹出如图 7-124 所示的"插入零部件"对话框。单击"浏览"按钮，此时系统弹出如图 7-125 所示的"打开"对话框，在其中选择需要的零部件，即基座。单击"打开"按钮，此时所选的零部件显示在"插入零部件"属性管理器的"打开文档"一栏中，并在视图区域中出现。

02 确定插入零件位置。在视图区域中，在合适的位置单击，放置该零件，如图 7-126 所示。

03 设置视图方向。单击"标准视图"工具栏中的"等轴测"图标 ，将视图以等轴测方向显示，结果如图 7-127 所示。

3．插入传动轴。

01 插入零件。在菜单栏中选择"插入"→"零部件"→"现有零件/装配体"命令，插入传动轴。具体步骤可以参考上面的介绍，将传动轴插入到图中合适的位置，结果如图7-128 所示。

图 7-124 "插入零部件"属性管理器   图 7-125 "打开"对话框

图 7-126 选择零件后的视图   图 7-127 插入基座后的视图

02 添加配合关系。在菜单栏中选择"插入"→"配合"命令，或者单击"装配体"工具栏中的"配合"图标按钮，此时系统弹出"配合"属性管理器。用光标选择图 7-128 中的面 1 和面 4，单击属性管理器中的"同轴心"图标，如图 7-129 所示。将面 1 和面 4 添加为"同轴心"配合关系，然后单击属性管理器中的"确定"图标按钮。重复此命令，将图 7-128 中面 2 和面 3 添加为距离为 5mm 的配合关系，注意轴在轴套的内侧，结果如图 7-130 所示。

4. 插入法兰盘。

01 插入零件。在菜单栏中选择"插入"→"零部件"→"现有零件/装配体"命令，插入法兰盘。具体步骤可以参考上面的介绍，将法兰盘插入到图中合适的位置，结果如图7-131 所示。

图 7-128　插入传动轴后的视图　　图 7-129　设置的配合关系　　图 7-130　配合后的视图

02 添加配合关系。在菜单栏中选择"插入"→"配合"命令，将图 7-131 中的面 1 和面 2 添加为"重合"几何关系，注意配合方向为"反向对齐"模式，结果如图 7-132 所示。重复配合命令，将图 7-132 中的面 1 和面 2 添加为"同轴心"配合关系，结果如图 7-133 所示。

图 7-131　插入法兰盘后的视图　　　　　图 7-132　重合配合后的视图

03 插入另一端法兰盘。重复步骤 **01** 、 **02** ，插入基座另一端的法兰盘，结果如图 7-134 所示。

5．插入键。

01 插入零件。在菜单栏中选择"插入"→"零部件"→"现有零件/装配体"命令，插入键。具体步骤可以参考上面的介绍，将键插入到图中合适的位置，结果如图 7-135 所示。

02 添加配合关系。在菜单栏中选择"插入"→"配合"命令，将图 7-135 中的面 1 和面 2、面 3 和面 4 添加为"重合"几何关系，结果如图 7-136 所示。

03 设置视图方向。单击"视图"工具栏中的"旋转视图"图标 🔄 ，将视图以合适的方向显示，结果如图 7-137 所示。

图 7-133　同轴心配合后视图

图 7-134　插入另一个法兰盘后视图

图 7-135　插入键后的视图

图 7-136　重合配合后的视图

04 添加配合关系。在菜单栏中选择"插入"→"配合"命令，将图 7-137 中的面 1 和面 2 添加为"同轴心"几何关系。

05 设置视图方向。单击"标准视图"工具栏中的"等轴测"图标 ■，将视图以等轴测方向显示，结果如图 7-138 所示。

图 7-137　设置方向后的视图

图 7-138　等轴测视图

6．插入带轮。

01 插入零件。在菜单栏中选择"插入"→"零部件"→"现有零件/装配体"命令，插入带轮。具体步骤可以参考上面的介绍，将带轮插入到图中合适的位置，结果如图 7-139 所示。

02 添加配合关系。在菜单栏中选择"插入"→"配合"命令，将图 7-139 中的面 1 和面 2 添加为"重合"几何关系，注意配合方向为"反向对齐"模式，结果如图 7-140 所示。重复配合命令，将图 7-139 中的面 1 和面 2 添加为"重合"几何关系，注意配合方向为"反向对齐"模式，结果如图 7-141 所示。

图 7-139　插入带轮后的视图　　　　　图 7-140　重合配合后的图形

03 设置视图方向。单击"视图"工具栏中的"旋转视图"图标 ⟳，将视图以合适的方向显示，结果如图 7-142 所示。

04 添加配合关系。在菜单栏中选择"插入"→"配合"命令，将图 7-142 中的面 1 和面 2 添加为"重合"几何关系。

图 7-141　重合配合后的图形　　　　　图 7-142　设置方向后的视图

05 设置视图方向。单击"标准视图"工具栏中的"等轴测"图标 ▣，将视图以等轴测方向显示，结果如图 7-143 所示。装配体装配完毕，装配体的"FeatureManager 设计树"如图 7-144 所示，配合关系如图 7-145 所示。

图 7-143　完整的装配体　　　　图 7-144　装配体的"FeatureManager 设计树"

7．装配体统计。

01 执行装配体统计命令。在菜单栏中选择"工具"→"AssemblyXpert"命令，此时系统弹出如图 7-146 所示的"AssemblyXpert"对话框，对话框中显示了该装配体的统计信息。

02 确认装配体统计信息。单击"装配体统计"对话框中的"确定"按钮，关闭该对话框。

8．爆炸视图。

01 执行爆炸命令。在菜单栏中选择"插入"→"爆炸视图"命令，此时系统弹出如图 7-147 所示的"爆炸"属性管理器。单击属性管理器中"爆炸步骤""设定"及"选项"各复选框右上角的箭头，将其展开。

02 爆炸带轮。在"设定"复选框中的"爆炸步骤零部件"一栏中，用光标选择视图中或者装配体"FeatureManager 设计树"中的"带轮"零件，按照图 7-148 所示进行设置，此时装配体中被选中的零件被亮显并且预览爆炸效果，如图 7-149 所示。单击图 7-148 中的"完成"按钮，对"带轮"零件的爆炸完成，并形成"爆炸步骤 **01** "。

03 爆炸键。在"设定"复选框中的"爆炸步骤零部件"一栏中，用光标选择视图中或者装配体"FeatureManager 设计树"中的"键"零件，单击视图中显示爆炸方向坐标的竖直向上方向，如图 7-150 所示。

图 7-145　装配体配合列表　　　　图 7-146　"装配体统计"对话框

04 生成爆炸步骤。按照图 7-151 对爆炸零件进行设置，然后单击图 7-151 中的"完成"按钮，对"键"零件的爆炸完成，并形成"爆炸步骤 **02** "，结果如图 7-152 所示。

05 爆炸法兰盘 1。在"设定"复选框中的"爆炸步骤零部件"一栏中，用光标选择视图中或者装配体"FeatureManager 设计树"中的"法兰盘 1"零件，单击视图中显示爆炸方向坐标的向左侧的方向，如图 7-153 所示。

06 生成爆炸步骤。按照图 7-154 所示进行设置后，单击图 7-154 中的"完成"按钮，对"法兰盘 1"零件的爆炸完成，并形成"爆炸步骤 **03** "，结果如图 7-155 所示。

图 7-147 "爆炸"属性管理器　　图 7-148 爆炸步骤　　图 7-149 爆炸预览视图

图 7-150 设置爆炸方向　　图 7-151 爆炸步骤　　图 7-152 爆炸后的视图

07 设置爆炸方向。在"设定"复选框中的"爆炸步骤零部件"一栏中，用光标选择上一步爆炸的法兰盘，单击视图中显示爆炸方向坐标的竖直向上方向，如图 7-156 所示。

08 生成爆炸步骤。按照图 7-157 所示进行设置后，单击图 7-157 中的"完成"按钮，对"法兰盘 1"零件的爆炸完成，并形成"爆炸步骤 **04** "，结果如图 7-158 所示。

09 爆炸法兰盘 2。在"设定"复选框中的"爆炸步骤零部件"一栏中，用光标选择视图中或者装配体"FeatureManager 设计树"中的"法兰盘 2"零件，单击视图中显示爆炸方向坐标的竖直向上的方向，如图 7-159 所示。

图 7-153　设置爆炸方向　　　　图 7-154　爆炸设置　　　　图 7-155　爆炸后的视图

图 7-156　设置爆炸方向　　　　图 7-157　爆炸设置　　　　图 7-158　爆炸后的视图

10 生成爆炸步骤。按照图 7-160 所示进行设置后，单击图 7-160 中的"完成"按钮，对"法兰盘 2"零件的爆炸完成，并形成"爆炸步骤 **05**"，结果如图 7-161 所示。

11 爆炸传动轴。在"设定"复选框中的"爆炸步骤零部件"一栏中，用光标选择视图中或者装配体"FeatureManager 设计树"中的"传动轴"零件，单击视图中显示爆炸方向坐标的向左侧的方向，如图 7-162 所示，并单击"爆炸方向"一栏前面的"反向"按钮图标，调整爆炸的方向。

12 生成爆炸步骤。按照图 7-163 所示进行设置后，单击图 7-163 中的"完成"按钮，对"传动轴"零件的爆炸完成，并形成"爆炸步骤 **06**，结果如图 7-164 所示。

图 7-159　设置爆炸方向

图 7-160　爆炸设置

图 7-161　爆炸后的视图

图 7-162　设置爆炸方向

图 7-163　爆炸设置

图 7-164　爆炸后的视图

7.8　上机操作

通过前面的学习，读者对本章知识也有了大体的了解，本节通过操作练习使读者进一步掌握本章知识要点。

操作提示：

（1）导入文件。新建一个装配体文件；导入下盖文件；导入上盖文件，完成后如图 7-166 所示。

（2）装配。按照盒子形状选择配合的面和边线，完成装配，如图 7-165c 所示。

a）下盖   b）上盖   c）盒子装配体

图 7-165 　装配盒子

（3）零件透明显示。在模型树中选中下盖，右击快捷菜单中选择"零部件属性"，编修零件颜色属性；对上盖进行相同操作，得到如图 7-167 所示效果。

图 7-166　导入完成的模型   图 7-167　零件透明显示

第8章 工程图设计

以前的手工绘图环境中，用最简单的方式是将三维物体简化为二维方式来表达，的确能使表达过程本身的难度降低很多，但这也是有代价的。工程图不仅表达设计思想，还有组织生产，检验最终产品的作用，还要存档。以前工程图的设计虽然复杂可它的作用却是很大的。

在无纸化设计的时代，设计工作这一活动本身变了，变得活动范围更大，手段更多，工程图设计在整个设计工作中的比重在下降，难度也在下降，更重要的是设计工作不再从工程制图开始而是从三维造型开始（这确实会省去烦琐的反复制图、改图、出图过程），这本身就是技术进步带来的好处。

学 习 要 点

◎ 建立工程视图

◎ 操纵视图

◎ 标注工程视图

8.1 工程图概述

工程图是为三维实体零件和装配体创建二维的三视图、投影图、剖视图、辅助视图、局部放大视图等工程图。

8.1.1 新建工程图

工程图包含一个或者多个由零件或者装配体生成的视图。在生成工程图之前，必须先保存与它有关的零件或装配体。

【例 8-1】新建工程图的操作步骤如下：

光盘\参考视频\第 8 章\例 8-1.avi

01 新建文件。在菜单栏中选择"文件"→"新建"命令，或者单击"标准"工具栏中的"新建"图标按钮 □，此时系统弹出如图 8-1 所示的"新建 SoildWorks 文件"对话框。

图 8-1 "新建 SolidWorks 文件"对话框

02 选择工程图文件。在对话框中选择"工程图"图标按钮 。

03 进入工程图工作界面。单击"确定"按钮，进入工程图的工作界面，如图 8-2 所示。

工程图的工作界面与零件图和装配图的工作界面有很大的区别，新增加了如图 8-3 所示的"工程图"工具栏、如图 8-4 所示的"线型"工具栏以及如图 8-5 所示的"注解"工具栏。

图 8-2　工程图工作界面

图 8-3　"工程图"工具栏　　　　　　　　　　图 8-4　"线型"工具栏

图 8-5　"注解"工具栏

8.1.2　指定图纸格式

　　图纸格式包括图纸的大小、方向及图框的种类。通过设置图纸格式，用户可以设置需要的图纸边框与标题栏等内容。SolidWorks 在创建工程图时，必须设置需要的图纸格式。SolidWorks 提供 3 种图纸格式：

　　1.标准图纸格式。SolidWorks 提供了 12 种标准图纸格式，每一种图纸格式都包含了确定的图框与标题栏，用户可以根据需要选用。图纸的设置方向通常有横向和纵向两种，如图 8-6 所示。在选择图纸后，在"图纸格式/大小"右侧的"预览"一栏中，可以查看图纸的预览效果及高度宽度等。

横向图纸格式   纵向图纸格式

图 8-6 图纸设置方向

2. 用户图纸格式是使用读者自行设置的图纸格式。单击"图纸格式/大小"对话框中的"浏览"按钮，系统弹出如图 8-7 所示的"打开"对话框，可以选择用户自行设置的图纸格式，设置用户图纸格式的方法将在下一节中介绍。

图 8-7 "打开"对话框

3. 无图纸格式。单击"图纸格式/大小"对话框中的"自定义图纸大小"复选框，在下面的"宽度"和"高度"对话框中输入设置的数值，如图 8-8 所示。该方式只能定义图纸的大小，没有图框和标题栏，是一张空白的图纸，在"预览"一栏可以查看预览效果。

图 8-8　无图纸格式的设置

8.1.3　用户图纸格式

实际应用中，各单位的图纸格式往往不一样，所以用户需要设计符合自己的图纸格式，并将他存储，以后用到的时候，只要调用该图纸格式即可。如图 8-9 所示为自定义的图纸格式，如图 8-10 所示为自定义的标题栏。

图 8-9　自定义的图纸　　　　　　　　图 8-10　自定义的标题栏

注意：
　　　　文件中的自定义属性随图纸格式保存并添加到使用此格式的任何新文件中。用户可以修改标准图纸格式或生成自定义格式。

8.1.4　设定图纸

绘制工程图前，应该对图纸进行相应的设置。设定图纸包括设置图纸属性和新增图纸两部分内容。

1．设置图纸属性。在创建工程图前，最好先设置工程图的属性，这样加载工程图后，就可以得到正确的图纸。如图创建新工程图时，选择了无图纸格式，则工程图选项中使用的为系统的默认值。

【例 8-2】设置图纸属性的操作步骤如下：

光盘\参考视频\第 8 章\例 8-2.avi

01 新建工程图。执行设置图纸属性命令。在工程图中的"FeatureManager"设计树中，右键单击图纸的图标，在系统弹出的快捷菜单中选择"属性"选项，如图 8-11 所示。

02 设置图纸属性。系统弹出如图 8-12 所示的"图纸属性"对话框，然后需要进行相应的设置。

03 确认设置的图纸属性。单击"图纸属性"对话框中的"确定"按钮，完成图纸属性的设置。

"图纸属性"对话框中各项的意义如下：

➢ "名称"：在对话框中输入图纸的名称，创建工程图时，系统默认的名称为"图纸 1"。

➢ "比例"：为图纸的视图设置显示比例。

➢ "投影类型"：设置标准三视图投影方式，有第一视角和第三视角两个选项。我国使用的视图投影为第三视角。

图 8-11　设置图纸属性

图 8-12　"图纸属性"对话框

➢ "下一视图标号"：指定将使用在下一个剖面视图或者局部视图的字母。

➢ "下一基准标号"：指定要用作下一个基准特征符号的英文字母。

"图纸格式/大小"用于指定标准图纸的大小或者自定义图纸的大小，各项的意义如下：

➢ "标准图纸大小"：选择一标准图纸大小，或者单击"浏览"按钮找出自定义图纸格式文件。如果对图纸格式作了更改，单击"重装"按钮可以返回到系统默认格式。

➢ "自定义图纸大小"：指定一个自定义图纸的宽度和高度。

2．新增图纸。在工程图中可以添加图纸，也就是说一个工程图中可以包含多张图纸，就像 Excel 文件中可以包含多个文件页一样。新增图纸的操作步骤如下：

（1）执行添加图纸命令。在菜单栏中选择"插入"→"图纸"命令，或者右键单击左侧"特征管理器"，系统弹出如图 8-13 所示的快捷菜单；或者右键单击绘制区域，系统弹出如图 8-14 所示的快捷菜单，在其中选择"添加图纸"选项。

图 8-13　系统快捷菜单

图 8-14　系统快捷菜单

（2）设置图纸属性。系统弹出如图 8-15 所示的"图纸属性"对话框，根据需要进行设置后，单击对话框中的"确定"按钮，图纸添加完毕。

图 8-15　"图纸属性"对话框

新图纸添加完毕后，此时在特征管理器中，会添加一个新的图纸，如图 8-16 所示。在绘图区域的下面也会出现新添加的图纸标签，如图 8-17 所示。

图 8-16　添加图纸后的特征管理器　　　　　　图 8-17　添加图纸后的图纸标签

8.1.5　图样操作

一个工程图中存在多个图样，需要对图样进行操作。图样操作包含：

1．查看另一张图样。查看或者编辑图样时，需要激活该图样。SoildWorks 提供了两种激活图样的方法：

（1）图样标签方式。单击绘图区域下面需要的图样标签，即可激活需要查看和编辑的图样。

（2）快捷菜单方式。右键单击"FeatureManager 设计树"中的图样图标，然后在弹出的快捷菜单中选择"激活"即可，如图 8-18 所示。

2．调整图样顺序。在实际应用中，有时候需要调整图样的顺序。在特征管理器中，用鼠标拖动需要调整的图样，将其放置到需要的顺序即可。在拖动到需要放置的位置后，当出现一个插入箭头⏎时，才可松开鼠标。图 8-19a 为调整时的特征管理器，图 8-19b 为调整后的特征管理器。

注意： 在调整图样顺序时，在拖动到需要放置的位置后，当出现一个插入箭头⏎时，才可松开鼠标。

a）调整时的特征管理器　　b）调整后的特征管理器

图 8-18　快捷菜单　　　　　　　　图 8-19　调整图样顺序

3．重新命名图样。有两种方式：特征管理器方式、快捷键方式和标签方式。

（1）特征管理器方式。右键单击特征管理器中需要重新命名的图样的图标，在系统弹出的快捷菜单中选择"属性"选项，如图 8-20 所示。系统弹出"图样属性"对话框，在"名称"一栏中输入需要的图样名称即可。

（2）快捷键方式。单击"FeatureManager 设计树"中的图样图标，然后按快捷键 F2，图样图标被激活，在其中输入需要的图样名称即可。

（3）标签方式。右键单击绘制区域下面的图样标签，在系统弹出的快捷菜单中选择"属性"选项，如图 8-21 所示。系统弹出"图样属性"对话框，在"名称"一栏中输入需要的图样名称即可。

注意：

在同一工程图文件中不能包含相同名称的图样。

图 8-20　特征管理器方式　　　　　图 8-21　标签方式

4．删除图样。在工程图中，如果有不需要的图样文件，可以把该图样删除。在特征管理器中，右键单击需要删除的图样图标，在系统弹出的快捷菜单中选择"删除"选项，如图 8-22 所示。系统弹出如图 8-23 所示的"确认删除"对话框，单击其中的"是"按钮即可将该图样删除。

图 8-22　系统快捷菜单　　　　　图 8-23　"确认删除"对话框

8.2 建立工程视图

完成了图纸的相关的设定后，就可以建立格式的工程视图。工程视图包括：标准三视图、命名视图、投影视图、剖面视图、旋转剖视图、辅助视图以及局部放大视图。本节将详细介绍各类工程视图的创建步骤。

8.2.1 创建标准三视图

标准三视图是由零件建立的，它能为所显示的零件或装配体同时生成三个相关的默认正交视图。通过实体零件和装配件建立的工程图，零件、装配体和工程图文件是互相链接的，对零件或装配体所作的任何更改会导致工程图文件的相应变更。

如要改变主视图的投射方向，可在零件图中按视图定向的方法改变其前视的方向。生成标准三视图常用的方法有：标准方法和拖放生成。

1. 标准方法生成标准三视图。

【例 8-3】利用标准方法生成标准三视图的操作步骤为：

光盘\参考视频\第 8 章\例 8-3.avi

01 单击"标准"工具栏上"新建"按钮 ，或在菜单栏中选择"文件"→"新建命令"，新建一个工程图文件。

02 设定所需的图纸格式，或调用预先做好的图纸格式模板。

03 单击"工程图"工具栏上"标准三视图"图标按钮 ，或在菜单栏中选择"插入" →"工程视图"→"标准三视图"命令，指针变为形状 。

04 选择模型，选择方法如下：

➢ 在标准三视图属性管理器中从打开的文件中选择一模型，或浏览到一模型文件然后单击确定。

➢ 如要在零件窗口中添加零件视图，单击零件的一个面或图形区域中的任何位置，或单击 FeatureManager 设计树中的零件名称。

➢ 如要在装配体窗口中添加装配体视图，单击图形区域中的空白区域，或单击 FeatureManager 设计树中的装配体名称。

➢ 如要生成装配体零部件视图，单击零件的面或在 FeatureManager 设计树中单击单个零件或子装配体的名称。

➢ 当包含模型的工程图打开时，在 FeatureManager 设计树中单击视图名称或在工程图中单击视图。

05 工程图窗口出现，并且出现标准三视图，如图 8-24 所示。

2. 拖放生成标准三视图。

01 打开新的工程图窗口，并选择合适的图纸格式。

图 8-24　标准三视图

02 打开文件探索器，浏览到所需的零件、装配体文件名称，选中并拖放到工程图窗口中。或将打开的零件或装配体文件的名称从 FeatureManager 设计树顶部拖放到工程图窗口中。

03 这样就在工程图窗口生成了标准三视图。

3．从 IE 中的超文本链接生成标准三视图。

01 在 IE 中，导览至包含到 SolidWorks 零件文件超文本链接的位置。

02 将超文本链接 IE 窗口拖动到打开的工程图窗口中，出现"另存为"对话框。

03 导览到要保存零件的目录，然后单击"保存"按钮。

04 这样既保存了零件文件，零件视图也添加到工程图中。

8.2.2　投影视图

【例 8-4】如果想要生成投影视图，其操作步骤如下：

光盘\参考视频\第 8 章\例 **8-4.avi**

01 打开随书光盘中/源文件/第 8 章/例 8-4-1 文件，选择要生成投影视图的现有视图。

02 单击"工程图"工具栏上的"投影视图"图标按钮 ，或在菜单栏中选择"插入"→"工程视图"→"投影视图"命令。

03 如要选择投影的方向，将指针移动到所选视图的相应一侧。当移动指针时，如果选择了拖动工程图视图时显示其内容，视图的预览被显示，同时也可控制视图的对齐。

04 当指针放在被选视图左边、右边、上面或下面时，得到不同的投影视图。按所需投影方向，将指针移到所选视图的相应一侧，在合适位置处单击，生成投影视图。

生成的投影视图如图 8-25 所示。

当在工程图中生成投影视图，或选择一现有投影视图时，会出现如图 8-26 所示的"投影视图" PropertyManager，其各选项含义介绍如下：

1．"箭头"选项板：

图 8-25　投影视图　　　　　　　　图 8-26　"投影视图"属性管理器

➢ "箭头"复选框：选择该复选框以显示表示投影方向的视图箭头（或 ANSI 绘图标准中的箭头组）。

➢ （标号）选项：键入要随父视图和投影视图显示的文字。

2. "显示样式"选项板：

"使用父关系样式"复选框：选择该复选框可以消除选择，以选取与父视图不同的样式和品质设定。

显示样式包括：线架图、隐藏线可见、消除隐藏线、带边线上色、上色。

用户可以选择高品质或草稿品质以设定模型的显示品质。它们的含义如下：

➢ 高品质：所有的模型信息都装入内存。

➢ 草稿品质：只有最小的模型信息才装入内存。

在用于轻化和分离的工程图中，有些边线可能看起来丢失，打印质量可能略受影响，这时可在草稿品质中不还原模型而标注视图注解。

3. "比例"选项板　为工程图视图选择一比例，这些使用比例的方式有：

➢ "使用父关系比例"选项：选择该选项可以应用为父视图所使用的相同比例。如果更改父视图的比例，则所有使用父视图比例的子视图比例将更新。

➢ "使用图纸比例"选项：选择该选项可以应用为工程图图样所使用的相同比例。

➢ "使用自定义比例"选项：选择该选项可以应用自定义的比例。

4. "尺寸类型"选项板用来选择推测尺寸或真实尺寸。工程图中的尺寸通常为：

➢ 真实：精确模型值。

➢ 预测：2D 尺寸。

当插入一工程图视图时，尺寸类型即被设定，这时可以在"工程图视图"属性管理器中观阅并更改尺寸类型。

5. "装饰螺纹线显示"选项板　如果工程图视图中有装饰螺纹线，以下设定将覆盖"工具"→"选项"→"文件属性"→"出详图"中的装饰螺纹线显示选项。

➢ 高品质：显示装饰螺纹线中的精确线型字体及剪裁。如果装饰螺纹线只部分可见，高品质则只显示可见的部分（会准确显示可见和不可见的内容）。

注意：
系统性能在使用高品质装饰螺纹线时变慢，建议消除此选项，直到完成了放置所有注解为止。

➢ 草稿品质：以更少细节显示装饰螺纹线。如果装饰螺纹线只部分可见，草稿品质将显示整个特征。

6. "更多属性"按钮　该选项图中未显示。在生成视图或选择现有视图后，单击更多属性来打开工程视图属性对话框。此时可以在这里更改材料明细表信息，显示隐藏的边线等。

注意：
投影视图也可以不按对齐位置放置，即生成向视图。不按投影位置放置的视图，国家《机械制图》标准规定应添加标注，关于添加标注的内容将在后面的章节中进行介绍。

8.2.3　辅助视图

辅助视图的用途相当于机械制图中的斜视图，用来表达机件的倾斜结构。类似于投影视图，是垂直于现有视图中参考边线的正投影视图，但参考边线不能水平或竖直，否则生成的就是投影视图。

1. 生成辅助视图。

【例 8-5】如果想要生成辅助视图，其操作步骤如下：

光盘\参考视频\第 8 章\例 8-5.avi

01 打开随书光盘中/源文件/第 8 章/例 8-5-1 文件。选择非水平或竖直的参考边线。参考边线可以是零件的边线、侧影轮廓线（转向轮廓线）、轴线或所绘制的直线。如果绘制直线，应先激活工程视图。

注意：
辅助视图在"FeatureManager 设计树"中零件的剖面视图或局部视图的实体中不可使用。

02 单击"工程图"工具栏上的"辅助视图"图标按钮 🖑，或在菜单栏中选择"插入"→"工程视图"→"辅助视图"命令，指针变为 ✥ 形状，并显示视图的预览框。

03 移动指针，当处于所需位置时，单击以放置视图。如有必要，可编辑视图标号并更改视图的方向。

如果使用了绘制的直线来生成辅助视图，草图将被吸收，这样就不能无意将之删除。当编辑草图时，还可以删除草图实体。

如图 8-27 所示在主视图中角度边线被选用以展开辅助视图，它在右下角、右上角，名为

A、B 的视图箭头。

2．辅助视图属性。当在工程图中生成新的辅助视图，或当选择一现有辅助视图时，会出现如图 8-28 所示的"辅助视图"属性管理器，其内容与投影视图中的内容相同，这里不再作详细的介绍。

3．旋转视图。通过旋转视图，可以将所选边线设定为水平或竖直方向。也可以绕视图中心点旋转视图以将视图设定为任意角度。具体操作方法分为：

绕模型边线旋转工程图：

（1）在工程图中选择一条线性模型边线。

（2）选择菜单栏中的"工具"→"对齐工程图视图"→"水平边线"或"竖直边线"命令，视图会旋转，直到所选的边线成为水平或竖直。

图 8-27　生成辅助视图　　　　　图 8-28　"辅助视图"属性管理器

围绕中心点旋转工程图：

（1）单击"视图"工具栏中的"旋转视图"图标 ，会出现如图 8-29 所示的"旋转工程视图"对话框。

（2）单击并拖动视图，视图转动的角度在对话框中出现。转动视图以 45º 的增量捕捉。同时也可以在工程视图角度方框中输入旋转角度。

（3）单击"应用"以观看旋转效果。然后关闭对话框，如图 8-30 所示为旋转前后的工程视图对比。

➤ 使视图回到它原来的位置：用右键单击视图，然后选择"视图对齐"→"默认对齐"关系。如果解除了该视图与另一视图的默认对齐关系，同样会恢复原来的对齐关系。

图 8-29　"旋转工程视图"对话框

图 8-30　旋转工程视图

8.2.4　剪裁视图

剪裁视图是在现有视图中，剪去不必要的部分，使得视图所表达的内容既简练又突出重点。

1. 如果想要生成剪裁视图，其操作步骤如下：

（1）激活需要裁剪的视图。

（2）用草图绘制工具绘制封闭轮廓，如圆、封闭不规则曲线等。

（3）单击"工程图"工具栏上的"剪裁视图"图标按钮，或在菜单栏中选择"插入"→"工程视图"→"剪裁视图"命令，封闭轮廓线以外的视图消失，生成剪裁视图，如图 8-31 所示。

图 8-31　生成剪裁视图

注意：

　　利用同样的方法，也可将的辅助视图生成剪裁视图。

2. 如果要编辑剪裁视图，可以采用下面的操作步骤进行：

（1）用鼠标右键单击工程视图，在快捷菜单中选择"剪裁视图"→"编辑剪裁视图"命令，或先选择视图，然后在菜单栏中选择"工具"→"剪裁视图"→"编辑剪裁视图"命令，出现未裁剪前的视图。

（2）对绘制的封闭轮廓线进行编辑。

（3）更新视图，得到不同形状的剪裁视图。

3．如果要删除剪裁视图，采用下面的操作步骤进行：

（1）用鼠标右键单击视图，在快捷菜单中选择"剪裁视图"→"删除剪裁视图"命令，出现未裁剪前的视图。

（2）选择封闭轮廓线，按 Delete 键，即可恢复视图原状。

8.2.5　局部视图

局部视图用来显示现有视图某一局部的形状，常用放大的比例来显示。

在实际应用中可以在工程图中生成一个局部视图来显示一个视图的某个部分（通常是以放大比例显示）。此局部视图可以是正交视图、三维视图、剖面视图、裁剪视图、爆炸装配体视图或另一局部视图。

1．生成局部视图。

【例 8-6】如果想要生成局部视图，其操作步骤如下：

 光盘\参考视频\第 8 章\例 8-6.avi

01 打开随书光盘中/源文件/第 8 章/例 8-6-1 文件。

02 单击"工程图"工具栏上的"局部视图"图标按钮 ⒼＡ，或在菜单栏中选择"插入"→"工程视图"→"局部视图"命令。弹出草图绘制命令，在要放大的区域用草图绘制实体工具绘制一个封闭轮廓。

03 移动指针，显示视图的预览框。当视图位于所需位置时，单击以放置视图。最终生成的局部视图如图 8-32 所示。

注意：不能在透视图中生成模型的局部视图。

2．局部视图属性。在工程图中生成新的局部视图，或选择现有局部视图时，会出现如图 8-33 所示的"局部视图"属性管理器，其各选项的含义如下：

（1）"局部视图图标"选项板：

"样式"选项：选择一显示样式 ⒼＡ，然后选择圆轮廓。

> 圆：若草图绘制成圆，有 5 种样式可供使用，即依照标准、断裂圆、带引线、无引线和相连。依照标准又有 ISO、JIS、DIN、BSI、ANSI 几种，每种的标注形式也不相同，默认标准样式是 ISO。

要改变默认标准样式，选择菜单栏中的"工具"→"选项"命令，在文件属性标签下，选择出详图。从尺寸标注标准清单中单击要选用的标准代号。

> 轮廓：若草图绘制成其他封闭轮廓，如矩形、椭圆等，样式也有依照标准、断裂图、带引线、无引线、相连 5 种，但如选择断裂圆，封闭轮廓就变成了圆。如要将封闭

轮廓改成圆可选择圆选项，则原轮廓被隐藏，而显示出圆。

局部视图A
比例2：1

图 8-32　局部视图　　　　图 8-33　"局部视图"属性管理器

（标号）选项：编辑与局部圆或局部视图相关的字母。若要指定标号格式，单击"工具"→"选项"→"文件属性"→"视图标号"。如果不特别指出，系统默认会按照注释视图的字母顺序依次以 A、B、C…进行流水编号。注释可以拖到除了圆或轮廓内的任何地方。

"文件字体"按钮：如果要为局部圆标号选择文件字体以外的字体，消除文件字体然后单击"文件字体"按钮。如果更改局部圆名称字体，将出现一对话框，提示是否也想将新的字体应用到局部视图名称。

（2）"局部视图"选项板

"完整外形"复选框：选择此选项，局部视图轮廓外形会全部显示。

"钉住位置"复选框：选择此选项，可以阻止父视图改变大小时，局部视图移动。

"缩放剖面线图样比例"复选框：选择此选项，可根据局部视图的比例来缩放剖面线图样比例。

"局部视图图标"属性管理器中其他各选项的含义与前面"投影视图"属性管理器中各选项的含义相同，这里不再赘述。

8.2.6　剖面视图

剖面视图用来表达机件的内部结构。生成剖面视图必须先在工程视图中绘出适当的剖切路径，在执行剖面视图命令时，系统依照指定的剖切路径，产生对应的剖面视图。所绘制的路径可以是一条直线段、相互平行的线段，还可以是圆弧。

1. 生成剖面视图。

【例 8-7】如果想要生成剖面视图，其操作步骤如下：

光盘\参考视频\第 8 章\例 8-7.avi

01 打开随书光盘中/源文件/第 8 章/例 8-7-1 文件。

02 单击"工程图"工具栏上的"剖面视图"图标按钮 ，或在菜单栏中选择"插入"
→"工程视图"→"剖面视图"命令。弹出"剖面视图辅助"对话框，在剖面线选项中单击
"竖直"按钮 。

03 移动指针，会显示视图的预览，而且只能沿剖切线箭头的方向移动。当预览视图
位于所需的位置时，单击以放置视图，如图 8-34 所示。

图 8-34 剖面视图

2. 剖面视图属性。在工程图中生成剖面视图，或选择现有剖面视图时，会出现如图 8-35
所示的"剖面视图"属性管理器，其各选项的含义如下：

图 8-35 "剖面视图"属性管理器

➢ "剖切线"选项板：
（反转方向）选项：选择以反转切除的方向。

266

（标号）选项：编辑与剖面线或剖面视图相关的字母。

"文档字体"：欲为剖面线标号选择文件字体以外的字体，消除文件字体然后单击字体。如果更改剖面线标号字体，可将新的字体应用到剖面视图名称。

➢ "部分剖面"选项板

"局部剖视图"复选框：如果剖面线没完全穿过视图，提示信息会提示剖面线小于视图几何体，并提示是否想使之成为局部剖切。

➢ 是：剖面视图为局部剖面视图，复选框被选择。

➢ 否：剖面视图出现但没切除。可以后选择此复选框来生成局部剖视图。

"只显示切面"复选框：只有被剖面线切除的曲面出现在剖面视图中。

剖面视图的几种显示方式如图 8-36 所示。

完整剖视图　　　　局部剖视图　　　　只显示曲面

图 8-36　剖面视图显示方式

"自动加剖面线"复选框：剖面线样式在装配体中的零部件之间交替，或在多实体零件的实体和焊件之间交替。

3．对齐剖视图。用来表达具有回转轴的机件内部形状，与剖面视图所不同的是对齐剖视图的剖切线至少应由两条连续线段组成，且这两条线段具有一个夹角。

【例 8-8】生成"对齐"剖视图的步骤如下：

光盘\参考视频\第 8 章\例 8-8.avi

01 打开随书光盘中/源文件/第 8 章/例 8-8-1 文件。

02 单击"工程图"工具栏上的"剖面视图"图标按钮，或在菜单栏中选择"插入"→"工程视图"→"剖面视图"命令。弹出"剖面视图辅助"对话框，在剖面线选项中单击"对齐"图标。

03 根据需要绘制与回转轴重合的剖切线。。

04 移动指针，显示视图预览。系统默认视图与所选择中心线或直线生成的剖切线箭头方向对齐。当视图位于所需位置时单击以放置视图。

生成的对齐剖视图如图 8-37 所示，高亮显示的视图显示了剖切线、方向箭头和标号。

8.3　操纵视图

在派生工程视图中，许多视图的生成位置和角度都受到其他条件的限制（如辅助视图的位置与参考边线相垂直）。有时需要自己任意调节视图的位置和角度以及显示和隐藏，SolidWorks 就提供了这项功能。此外，SolidWorks 还可以更改工程图中的线型、线条颜色等。

图 8-37　生成的旋转剖视图

8.3.1　移动和旋转视图

光标指针移到视图边界上时，光标指针变为形状，表示可以拖动该视图。如果移动的视图与其他视图没有对齐或约束关系，可以拖动它到任意的位置。

【例 8-9】如果视图与其他视图之间有对齐或约束关系，若要任意移动视图应如下操作：

光盘\参考视频\第 8 章\例 8-9.avi

01 打开例 8-5 创建的工程图。单击要移动的视图。

02 在菜单栏中选择"工具"→"对齐工程图视图"→"解除对齐关系"命令。

03 单击该视图，即可以拖动它到任意的位置。SolidWorks 提供了两种旋转视图的方法，一种是绕着所选边线旋转视图；一种是绕视图中心点以任意角度旋转视图。

要绕边线旋转视图：

❶在工程图中选择一条直线。

❷在菜单栏中选择"工具"→"对齐工程图视图"→"水平边线"或"工具"→"对齐视图"→"竖直边线"命令。

❸此时视图会旋转，直到所选边线为水平或竖直状态，如图 8-38 所示。

所选边线　　　　　旋转为水平状态

图 8-38　旋转视图

要围绕中心点旋转视图：

❶选择要旋转的工程视图。

❷单击"视图"工具栏中的"旋转"按钮 ⟳，系统会出现"旋转工程视图"对话框，如图 8-39 所示。

❸在"旋转工程视图"对话框中的"工程视图角度"文本框中输入旋转的角度。使用鼠标直接旋转视图。

❹如果在"旋转工程视图"对话框中选择了"相关视图反映新的方向"复选框，则与该视图相关的视图将随着该视图的旋转做相应的旋转。

图 8-39　"旋转工程视图"对话框

❺如果选择了"随视图旋转中心符号线"复选框，则中心符号线将随视图一起旋转。

8.3.2　显示和隐藏

在编辑工程图时，可以使用"隐藏视图"命令来隐藏一个视图。隐藏视图后，可以使用"显示视图"命令再次显示此视图。当用户隐藏了具有从属视图（如局部、剖面或辅助视图等）的父视图时，可以选择是否一并隐藏这些从属视图。再次显示父视图或其中一个从属视图时，同样可选择是否显示相关的其他视图。

【例 8-10】要隐藏或显示视图，可作如下操作：

光盘\参考视频\第 8 章\例 8-10.avi

01 打开例 8-6 中创建的工程图。在特征管理器设计树或图形区域中右击要隐藏的视图。

02 在弹出的快捷菜单中选择"隐藏"命令，如果该视图有从属视图（局部、剖面视图等），则会弹出询问对话框，如图 8-40 所示。

03 单击"是"按钮，将会隐藏其从属视图。单击"否"将只隐藏该视图。此时，视图被隐藏起来。当光标移动到该视图的位置时，将只显示该视图的边界。

04 如果要查看工程图中隐藏视图的位置，但不显示它们，则在菜单栏中选择"视图"→"被隐藏视图"命令。此时被隐藏的视图显示图 8-41 所示的形状。

图 8-40　提示信息

图 8-41　被隐藏的视图

05 如果要再次显示被隐藏的视图，则右击被隐藏的视图，在弹出的快捷菜单中选择命令"显示视图"。

8.3.3 更改零部件的线型

在装配体中为了区别不同的零件，可以改变每一个零件边线的线型。

【例 8-11】要改变零件边线的线型，可作如下操作：

光盘\参考视频\第 8 章\例 8-11.avi

01 任意打开一工程图。在工程视图中右击要改变线型的零件中的任一视图。

02 在弹出的快捷菜单中选择"零部件线型"命令，系统出现"零部件线型"对话框。

03 消除选择"使用文件默认值"复选框，如图 8-42 所示。

图 8-42 "零部件线型"对话框

04 在"边线类型"列表框中选择一个边线样式。

05 在对应的"线条样式"和"线粗"下拉列表框中选择线条样式和线条粗细。

06 重复步骤 **04** 、 **05** ，直到为所有边线类型设定线型。

07 如果单击"应用到"栏中的"从选择"单选按钮，则会将此边线类型设定应用到该零件视图和它的从属视图中。

08 如果单击"所有视图"单选按钮，则将此边线类型设定应用到该零件的所有视图。

09 如果零件在图层中，可以从"图层"下拉列表框中改变零件边线的图层。

10 单击"确定"按钮关闭对话框，应用边线类型设定。

8.3.4 图层

图层是一种管理素材的方法，可以将图层看作是重叠在一起的透明塑料纸，假如某一图层上没有任何可视元素，就可以透过该层看到下一层的图像。用户可以在每个图层上生成新的实体，然后指定实体的颜色、线条粗细和线型。还可以将标注尺寸、注解等项目放置在单一图层上，避免它们与工程图实体之间的干涉。SolidWorks 还可以隐藏图层，或将实体从一个图层上移动到另一图层。

【例 8-12】要建立图层，可作如下操作：

光盘\参考视频\第 8 章\例 8-12.avi

01 新建工程图，在菜单栏中选择"视图"→"工具栏"→"图层"命令，打开"图层"工具栏，如图 8-43 所示。

02 单击图层属性按钮，打开"图层"对话框。

03 在"图层"对话框中单击"新建"按钮，则在对话框中建立一个新的图层，如图 8-44 所示。

图 8-43　"图层"工具栏

04 在"名称"一栏中指定图层的名称。

05 双击"说明"栏，然后输入该图层的说明文字。

图 8-44　"图层"对话框

图 8-45　"颜色"对话框

06 在"开/关"一栏中有一个灯泡图标，要隐藏该图层，双击该图标，灯泡变为灰色，图层上的所有实体都被隐藏起来。要重新打开图层，再次双击该灯泡图标。

07 如果要指定图层上实体的线条颜色，单击"颜色"栏，在弹出的"颜色"对话框（图 8-45）中选择颜色。

08 如果要指定图层上实体的线条样式或厚度，则单击"样式"或"厚度"栏，然后从弹出的清单中选择想要的样式或厚度。

09 如果建立了多个图层，可以使用"移动"按钮来重新排列图层的顺序。

10 单击"确定"按钮，关闭对话框。

建立了多个图层后，只要在图层工具栏中的图层下拉列表框中选择图层，就可以导航到任意的图层。

8.4 标注工程视图

工程图绘制完以后，必须在工程视图中标注尺寸、形位公差、表面粗糙度符号及技术要求等其他注释，才能算是一张完整的工程视图。本节主要介绍这些项目的设置和使用方法。

8.4.1 插入模型尺寸

SolidWorks 工程视图中的尺寸标注是与模型中的尺寸相关联的，模型尺寸的改变会导致工程图中尺寸的改变。同样，工程图中尺寸的改变会导致模型尺寸的改变。

【例 8-13】对于打开的工程图，插入模型尺寸的操作步骤如下：

光盘\参考视频\第 8 章\例 8-13.avi

01 打开随书光盘中/源文件/第 8 章/例 8-13-1 文件,执行命令。在菜单栏中选择"插入"→"模型项目"命令，或者单击"注解"工具栏中的"模型项目"图标按钮 ，执行模型项目命令。

02 设置属性管理器。系统弹出如图 8-46 所示的"模型项目"属性管理器，"尺寸"设置框中的"为工程图标注"一项自动被选中。如果只将尺寸插入到指定的视图中，取消勾选"将项目输入到所有视图"复选框，然后在工程图选择需要插入尺寸的视图，此时"来源/目标"设置框如图 8-47 所示，自动显示"目标视图"一栏。

图 8-46 "模型项目"属性管理器　　　　图 8-47 "来源/目标"设置框

03 确认插入的模型尺寸。单击"模型项目"属性管理器中的"确定"图标按钮 ，完成模型尺寸的标注。

注意:

插入模型项目时，系统会自动将模型尺寸或者其他注解插入到工程图中。当模型特征很多时，插入的模型尺寸会显得很乱，所以在建立模型时需要注意以下几点:

1. 因为只有在模型中定义的尺寸，才能插入到工程图中，所以，在将来模型特征时，要养成良好的习惯，并且是草图处于完全定义状态。

2. 在绘制模型特征草图时，仔细地设置草图尺寸的位置，这样可以减少尺寸插入到工程图后调整尺寸的时间。

如图 8-48 所示为插入模型尺寸并调整尺寸位置后的工程图。

图 8-48　插入模型尺寸后的工程视图

8.4.2　修改尺寸属性

插入工程图中的尺寸，可以进行一些属性修改，如添加尺寸公差、改变箭头的显示样式、在尺寸上添加文字等。

单击工程视图中某一个需要修改的尺寸，此时系统弹出"尺寸"属性管理器。在管理器中，用来修改尺寸属性的通常有 3 个设置栏，分别是:"公差/精度"设置栏，如图 8-49 所示;"标注尺寸文字"设置栏，如图 8-50 所示;"尺寸界限/引线显示"设置栏，如图 8-51 所示。

图 8-49　"公差/精度"设置栏　　　　图 8-50　"标注尺寸文字"设置栏

修改尺寸属性的操作步骤如下:

1. 修改尺寸属性的公差和精度。尺寸的公差共有 10 种类型，单击"公差/精度"设置栏中的"公差类型"下拉菜单即可显示，如图 8-52 所示。下面介绍几个主要公差类型的显示方式。

图 8-51　"尺寸界限/引线显示"设置栏　　　　图 8-52　公差显示类型

（1）"无"显示类型　以模型中的尺寸显示插入到工程视图中的尺寸，如图 8-53 所示。

（2）"基本"显示类型　以标准值方式显示标注的尺寸，为尺寸加一个方框，如图 8-54 所示。

图 8-53　"无"显示类型　　　　　　　　　图 8-54　"基本"显示类型

（3）"双边"显示类型　以双边方式显示标注尺寸的公差，如图 8-55 所示。

（4）"对称"显示类型　以限制方式显示标注尺寸的公差，如图 8-56 所示。

图 8-55　"双边"显示类型　　　　　　　　图 8-56　"对称"显示类型

2．修改尺寸属性的标注尺寸文字。使用"标注尺寸文字"设置框，可以在系统默认的尺寸上添加文字合符号，也可以修改系统默认的尺寸。

设置框中的<DIM>是系统默认的尺寸，如果将其删除，可以修改系统默认的标注尺寸。将鼠标指针移到<DIM>前面或者后面，可以添加需要的文字和符号。

单击设置框下面的"更多"按钮，此时系统弹出如图 8-57 所示的"符号图库"对话框。在对话框中选择需要的标注符合，然后单击"确定"按钮，符号添加完毕。

如图 8-58 所示为添加文字和符号后的"标注尺寸文字"设置栏，如图 8-59 所示为添加符号和文字前的尺寸，如图 8-60 所示为添加符号和文字后的尺寸。

图 8-57　"符号"对话框

图 8-58　设置好的"标注尺寸文字"设置栏

图 8-59　系统默认的标注尺寸

图 8-60　修改后的标注尺寸

3. 修改尺寸属性的箭头位置及样式。使用"尺寸界限/引线显显示"设置框，可以设置标注尺寸的箭头位置和箭头样式。

箭头位置有 3 种形式：

➢ 箭头在尺寸界限外面：单击设置框中的"外面"图标按钮⊠，箭头在尺寸界限外面显示，如图 8-61 所示。

➢ 箭头在尺寸界限里面：单击设置框中的"里面"图标按钮⬀，箭头在尺寸界限里面显示，如图 8-62 所示。

➢ 智能确定箭头的位置：单击设置框中的"智能"图标按钮⊠，系统根据尺寸线的情况自动判断箭头的位置。

箭头有 11 种标注样式，可以根据需要进行设置。单击设置框种的"样式"下拉菜单，如图 8-63 所示，选择需要的标注样式。

图 8-61　箭头在尺寸界限的外面　　图 8-62　箭头在尺寸界限的里面　　图 8-63　箭头标注样式选项

注意： 本节介绍的设置箭头样式，只是对工程图中选中的标注进行修改，并不能修改全部标注的箭头样式。如果要修改整个工程图中的箭头样式，在菜单栏中选择"工具"→"选项"命令，在系统弹出的对话框中，按照图 8-64 所示进行设置。

设置框中的<DIM>是系统默认的尺寸，如果将其删除，可以修改系统默认的标注尺寸。将鼠标指针移到<DIM>前面或者后面，可以添加需要的文字和符号。

图 8-64　设置整个工程图的箭头样式对话框

8.4.3　标注形位公差

为了满足设计和加工需要，需要在工程视图中添加形位公差，形位公差包括代号、公差值及原则等内容。SolidWorks 软件支持 ANSI Y14.5 Geometric and True Position Tolerancing（ANSI Y14.5 几何和实际位置公差）准则。

【例 8-14】标注形位公差的操作步骤如下：

光盘\参考视频\第 8 章\例 8-14.avi

01 打开随书光盘中/源文件/第 8 章/例 8-13 文件，执行命令。在菜单栏中选择"插入"→"注解"→"形位公差"命令，或者单击"注解"工具栏中的"形位公差"图标按钮，执行标注形位公差命令。

02 此时系统弹出如图 8-65 所示的"形位公差"属性管理器和如图 8-66 所示的"属性"对话框。

03 设置形位公差。在"形位公差"中的"引线"一栏选择标注的引线样式。单击"属性"对话框中"符号"一栏后面的下拉菜单，如图 8-67 所示，在其中选择需要的形位公差符号；在"公差 1"一栏输入公差值；单击"主要"一栏后面的下拉菜单，在其中选择需要的符合或者输入参考面，如图 8-68 所示，在其后的"第二"、"第三"一栏中可以继续添加其他基准符号。设置完毕的"属性"对话框如图 8-69 所示。

图 8-65　"形位公差"属性管理器　　　　图 8-66　"属性"对话框

04 放置形位公差。单击"属性"对话框中的"确定"按钮，确定设置的形位公差，然后视图中出现设置的形位公差，单击调整在视图中的位置即可。

图 8-67　符号下拉菜单　　　　　　　　图 8-68　"主要"下拉菜单

如图 8-70 所示为标注形位公差的工程图。

图 8-69　设置好的"属性"对话框　　　　图 8-70　带公差的工程图

8.4.4　标注基准特征符号

有些形位公差需要有参考基准特征，需要指定公差基准。

【例 8-15】下面介绍标注基准特征符号的操作步骤。

光盘\参考视频\第 8 章\例 8-15.avi

01 打开上例中创建的工程图，执行命令。在菜单栏中选择"插入"→"注解"→"基准特征符号"命令，或者单击"注解"工具栏中的"基准特征符号"图标按钮囧，执行标注基准特征符号命令。

02 设置基准特征。此时系统弹出"基准特征"属性管理器，并在视图中出现标注基准特征符号的预览效果，如图 8-71 所示。在"基准特征"属性管理器中修改标注的基准特征。

03 确认设置的基准特征。在视图中需要标注的位置放置基准特征符号，然后单击"基准特征"属性管理器中的"确定"图标按钮✓，标注完毕。

如果要编辑基准面符号，双击基准面符合，在弹出的"基准特征"属性管理器中修改即可。

图 8-71　基准特征符号的预览效果

8.4.5　标注表面粗糙度符号

表面粗糙度表示的零件表面加工的程度，因此必须选择工程图中实体边线才能标注表面粗糙度符号。

【例 8-16】标注表面粗糙度符号的操作步骤如下：

光盘\参考视频\第 8 章\例 8-16.avi

01 打开上例中创建的工程图，执行命令。在菜单栏中选择"插入"→"注解"→"表面粗糙度符号"命令，或者单击"注解"工具栏中的"表面粗糙度符号"图标按钮，执行标注表面粗糙度符号命令。

02 设置标注符号。此时系统弹出"表面粗糙度"属性管理器，单击"符号"设置框中的"要求切削加工"图标按钮；在"符号布局"设置框中的"最大表面粗糙度"一栏中输入值 3.2。

03 标注符号。选取要标注表面粗糙度符号的实体边缘位置单击，确认，如图 8-72 所示。

04 旋转标注。在"角度"设置框中的"角度"一栏中输入 90 度，或者单击"旋转 90 度"图标按钮，标注的表面粗糙度符号旋转 90º 后单击，确认标注的位置，如图 8-73 所示。

05 单击"表面粗糙度"属性管理器中的"确定"图标按钮，表面粗糙度符号标注完毕。

图 8-72　标注表面粗糙度符号图示

图 8-73　标注表面粗糙度符号后的工程图

8.4.6　标注其他注解

在工程视图中除了上面介绍的标注类型外，还有其他注解，例如：零件序号、装饰螺纹线、中心线、几何公差、孔标注、注释、焊接符号等。本节主要介绍添加注释和中心线的操作方法，其他与此类似，不再赘述。

1. 添加注释。

【例 8-17】以添加技术要求为例，说明添加注释的操作步骤。

光盘\参考视频\第 8 章\例 8-17.avi

01 打开上例中创建的工程图，执行命令。在菜单栏中选择"插入"→"注解"→"注释"命令，或者单击"注解"工具栏中的"注释"图标按钮**A**，执行标注注释命令。

02 设置标注属性。此时系统弹出"注释"属性管理器，单击"引线"设置框中的"无引线"图标按钮 ，然后在视图中合适位置位置单击鼠标左键确定添加注释的位置，如图 8-74 所示。

图 8-74 添加注释图示

03 添加注释文字。此时系统弹出如图 8-75 所示的"格式化"对话框，设置需要的字体和字号后，输入需要的注释文字。

04 确认添加的注释文字。单击"注释"属性管理器中的"确定"图标按钮 ，注释文字添加完毕。

2．添加中心线。中心线常应用在旋转类零件工程视图中，本节以添加如图 8-76 所示工程视图的中心线为例说明添加中心线的操作步骤。

添加中心线的操作步骤如下：

（1）执行命令。在菜单栏中选择"插入"→"注解"→"中心线"命令，或者单击"注解"工具栏中的"中心线"图标按钮 ，执行添加中心线命令。

图 8-75 "格式化"对话框

（2）设置标注属性。此时系统弹出如图 8-77 所示的"中心线"属性管理器，单击如图 8-76 所示中的边线 1 和边线 2，添加中心线，结果如图 8-78 所示。

图 8-76　需要标注的视图　　　图 8-77　"中心线"属性管理器　　　图 8-78　添加中心线后的视图

（3）调节中心线长度。单击添加的中心线，然后拖动中心线的端点，将其调节到合适的长度，结果如图 8-79 所示。

如图 8-80 所示为一幅完整的工程图。

图 8-79　调节中心线长度后的视图　　　　图 8-80　完整的工程图

　　　　注意：

　　　　在添加中心线时，如果添加对象是旋转面，直接选择即可；如果投影视图中只有两条边线，选择两条边线即可。

8.4.7　尺寸对齐方式

无论是手动还是自动标注尺寸，如果尺寸放置不当，使图样看起来非常紊乱，不利于读图。通过尺寸对齐关系，可以适当设置尺寸间的距离或者共线，使工程图中的尺寸排列整齐，增加工程图的美观度。

工程图中尺寸对齐方式有两种，分别是：平行/同轴心对齐方式与共线/径向对齐方式。

尺寸对齐的工具栏如图 8-81 所示。

图 8-81　"对齐"工具栏

【例 8-18】在对齐尺寸前，必须调整尺寸对齐的间距，调整间距的步骤如下：

光盘\参考视频\第 8 章\例 8-18.avi

01 执行命令。在菜单栏中选择"工具"→"选项"命令，此时系统弹出"系统选项"对话框。

02 设置距离。单击对话框中的"文件属性"选项卡，然后单击"尺寸"选项，在右侧的"等距距离"一栏的图示中输入所需要的距离值，如图 8-82 所示。

图 8-82　设置尺寸间距图示

1. 平行/同轴心对齐方式。在工程视图中，可以以相同的间距将所选线性、径向或角度尺寸以阶层方式对齐，但是所选尺寸必须为同一类型。图 8-83a 所示为对齐前的线性尺寸，图 8-83b 所示为对齐后的线性尺寸。

【例 8-19】平行/同轴心对齐方式的操作步骤如下：

光盘\参考视频\第 8 章\例 8-19.avi

01 打开随书光盘中/源文件/第 8 章/例 8-19-1 文件,选择尺寸。按住 Ctrl 键，选择如图

SolidWorks 2014 中文版快速入门实例教程

8-83a 所示中的 3 个线性尺寸。

02 执行命令。在菜单栏中选择"工具"→"标注尺寸"→"平行/同心对齐"命令，或者单击"对齐"工具栏中"平行/同心对齐"图标按钮，执行平行/同轴心对齐方式命令。

a) 对齐前的线性尺寸

b) 对齐后的线性尺寸

图 8-83 平行对齐方式图示

03 调整尺寸位置。拖动设置后的尺寸，将其放置到设置的位置。

2. 共线/径向对齐方式。在工程视图中，可以将所选的多个线性、径向或角度尺寸在同一直线方向或者半径的圆弧上方式对齐，但是所选尺寸必须为同一类型。如图 8-84a 所示为对齐前的线性尺寸，如图 8-84b 所示为对齐后的线性尺寸。

a) 对齐前的线性尺寸

b) 对齐后的线性尺寸

图 8-84 共线对齐方式图示

共线/径向对齐方式的操作步骤如下：

（1）选择尺寸。按住 Ctrl 键，选择如图 8-84a 所示中的 3 个线性尺寸。

（2）执行命令。在菜单栏中选择"工具"→"标注尺寸"→"共线/径向对齐"命令，或单击"对齐"工具栏中的"共线/径向对齐"图标按钮，执行共线/径向对齐方式命令。

（3）调整尺寸位置。拖动设置后的尺寸，将其放置到设置的位置。

注意：

1. 设置对齐后的尺寸，如果移动其中一个尺寸，则与其对齐的尺寸会一起跟着移动。如图 8-85 所示。

2. 在设定对齐的尺寸上单击鼠标右键，在系统弹出的快捷菜单上选择"显示对齐"选项，则与其有对齐关系的尺寸上会出现一个蓝色的圆点，如图 8-86 所示。

3. 因为有对齐关系的尺寸会一起移动，所以要想单独移动其中一个尺寸，必须解除对齐关系。

4. 解除对齐关系的方法是，右键单击需要解除对齐关系的尺寸，在系统弹出的快捷菜单中选择"解除对齐关系"选项，如图 8-87 所示。解除对齐关系后的尺寸，可以单独移动如图 8-88 所示。

图 8-85　对齐尺寸一起移动

图 8-86　显示对齐的尺寸

图 8-87　系统快捷菜单

图 8-88　解除对齐关系后的尺寸单独移动

8.5　综合实例——前盖工程图的创建

本实例是将如图 8-89 所示的前盖零件图转化为工程图。为了更好地掌握工程图的生成方法，这里设计了工程图实例。

光盘\参考视频\第 8 章\前盖工程图的创建.avi

首先设置图样，然后放置视图，调整视图并标注尺寸，最后标注表面粗糙度符号和添加基准符号和形位公差，完成前盖视图的绘制。绘制前盖工程视图的操作流程如图 8-90 所示。

图 8-89　前盖零件图

01 创建视图。进入 SolidWorks，在菜单栏中选择"文件"→"打开"命令，在弹出的"打开"对话框中选择将要转化为工程图的零件文件。

02 单击"标准"工具栏中的"从零件/装配体制作工程图"图标按钮，此时会弹出"图纸格式/大小"对话框，选择"标准图纸大小"并设置图纸尺寸如图 8-91 所示。单击"确定"按钮，完成图纸设置。

图 8-90　绘制前盖工程图的流程图

图 8-90　绘制前盖工程图的流程图（续）

03 在菜单栏中选择"插入"→"工程图视图"→"模型视图"命令，或者单击"视图布局"工具栏中的"模型视图"图标按钮 ，会出现"模型视图"FeatureManager（如图 8-92 所示），在 FeatureManager 中单击浏览按钮，在弹出的选择对话框中选择要生成工程图的前盖零件图。选择完成后单击"模型视图"中的 ⮕ 按钮，这时会进入模型视图参数设置 Feature Manager，参数设置如图 8-93 所示。此时在图形编辑窗口，会出现如图 8-94 所示放置框，在图纸中合适的位置放置主视图，如图 8-95 所示。

图 8-91　"图纸格式/大小"对话框

04 在菜单栏中选择"插入"→"工程图视图"→"剖视视图"命令，或者单击"工程图"工具栏中的"剖视视图"图标按钮，弹出"剖面视图辅助"属性管理器，在"切割线"选项中单击对齐按钮，在视图中放置切割线，如图 8-96 所示。单击确定按钮，剖面视图如图 8-97 所示。

05 绘制中心线。单击"草图"工具栏中的"中心线"图标按钮，在主视图中绘制中心线，如图 8-98 所示。

06 标注基本尺寸。在菜单栏中选择"工具"→"标注尺寸"→"智能尺寸"命令，或者选择"注解"工具栏中的 ◇ 按钮，标注视图中的尺寸，最终得到的结果如图 8-99 所示。

图 8-92　"模型视图"对话框

图 8-93　参数设置

图 8-94　放置框

图 8-95　主视图

图 8-96　视图模型

图 8-97　左视图模型

07 标注表面粗糙度。选择"注解"工具栏中的"表面粗糙度" √ 按钮，会出现"表面粗糙度"属性管理器，在属性管理器中设置各参数如图 8-100 所示。

注意: 在添加或修改尺寸时，单击要标注尺寸的几何体。当在模型周围移动指针时，会显示尺寸的预览。根据指针相对于附加点的位置，系统将自动捕捉适当的尺寸类型（水平、竖直、线性、径向等）。当预览显示所需的尺寸类型时，可通过单击右键来锁定此类型。最后单击以放置尺寸。

图 8-98　绘制中心线

图 8-99　标注尺寸

图 8-100　"表面粗糙度"属性管理器

08 设置完成后，移动光标到需要标注表面粗糙度的位置，单击即可完成标注，单击 FeatureManager 中的 ✔ 按钮，表面粗糙度即标注完成。下表面的标注需要设置角度为 180 度，标注表面粗糙度效果如图 8-101 所示。

注意：

可以将带有引线的表面粗糙度符号拖到任意位置。如果将没有引线的符号附加到一条边线，然后将它拖离模型边线，则将生成一条延伸线。若想使表面粗糙度符号锁定到边线，从除最底部控标以外的任何地方拖动符号。

09 选择视图中的所有尺寸，如图 8-102 所示，在"尺寸"属性管理器中的"尺寸界线/引线显示"面板中实心箭头，如图 8-103 所示。单击确定按钮，修改后的视图如图 8-104 所示。

图 8-101　标注表面粗糙度

图 8-102　选择尺寸线　　　　　图 8-103　"尺寸界线/引线显示"面板

10 单击"注解"工具栏上的"注释"按钮 **A**，或在菜单栏中选择"插入"→"注解"→"注释"命令。为工程图添加注释部分如图 8-105 所示。此工程图即完成。

图 8-104　更改尺寸属性

图 8-105　为工程图添加注释

8.6　上机操作

通过前面的学习，读者对本章知识也有了大体的了解，本节通过操作练习使读者进一步掌握本章知识要点。

操作提示：

（1）新建工程图文件并导入零件"液压前缸盖"见图 8-106；

（2）创建正视图及等轴测视图；

（3）创建剖面视图；

（4）显示标注尺寸。

图 8-106　液压前缸盖工程图